U0934527

iconoclast

a neuroscientist reveals how to think differently

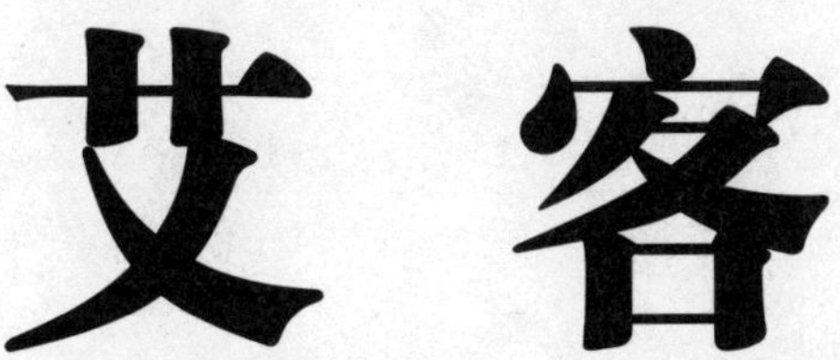

用非同凡响的思维改造世界

[美] 格雷戈里・伯恩斯（Gregory Berns）◎著　段然◎译

中国人民大学出版社
・北京・

艾客

Iconoclast

艾：1. 终结，停止
　　2. 美好，精彩
客：一群有着相同特质的人

他们是：

传统思维的终结者，权威和偶像的破坏者，

他们见他人所不能见，为他人所不敢为。

他们改变世界，将人类社会向前推进。

最终，他们成为人们追随的新偶像。

目录 Iconoclast

第二部分

与众不同的视角：成为艾客

第三部分

直面恐惧的勇气：出色的艾客

第一部分

Iconoclast

不同的思维，不同的世界

01 Iconoclast
艾客的三个特质

到底是什么塑造了艾客这样一群人？他们有哪些特质？

- ▶ 他们能用异于常人的独特视角“看”世界
- ▶ 他们能有效控制对未知和风险的恐惧
- ▶ 他们能用高超的社交能力影响大众的观念

1954年1月31日对于埃德温·霍华德·阿姆斯特朗（Edwin Howard Armstrong）来说是一个特殊的日子，他与他的老朋友，美国无线电公司（RCA）的主席戴维·萨尔诺夫（David Sarnoff）共享的发明成果已走过了14个年头。阿姆斯特朗对于广播电视领域的三项基本技术都做出了卓越贡献。他首先发明了正反馈技术，可以放大无线信号，同时他还发明了超外差式收音机，可以把放大后的无线高频信号转换成为人类可以听到的声波。而他最伟大的成就，也是他的最后一项发明，就是我们现在所熟知的调频（FM）广播。这项技术改变了整个广播行业，至今仍广泛应用于主流的广播电台之中。

阿姆斯特朗与萨尔诺夫曾经是亲密的好友，但却因为对专利权的争夺而势成水火。诉讼活动给阿姆斯特朗带来了精神和经济上的双重打击。他总是拒绝接受主流的观点，至死都不为人所理解。就在这个1月的夜晚，阿姆斯特朗移开了窗户上的空调，从他居住的

13 层公寓纵身跃入彻骨的寒风。这位无线电技术领域最有影响力的工程师就这样离开了我们。阿姆斯特朗的自杀也是他一生的缩影与写照：充满了叛逆与孤独。

阿姆斯特朗就是一个特立独行的人，他从不迷信传统与权威，只相信眼见为实。他总爱说，“人们熟知之事，正是问题所在”。事实证明他是对的。FM 广播就是一个最好的例证，桀骜的叛逆者将教条主义思维彻底打碎。阿姆斯特朗甚至用自杀向我们强调了叛逆的代价。但是，本书并不是要和读者讨论“创新”之类的模糊概念，或是“人格特质”这样的心理学术语，我只是想用全新的视角重新审视像阿姆斯特朗这样的艾客（iconoclast），深入挖掘叛逆思维的生物基础——大脑，并探讨到底是什么阻碍了普通大众像艾客一样去创造与改变世界。

自从古列尔莫·马可尼（Guglielmo Marconi）于 1896 年发明了无线电报技术，广播行业所使用的最基础的技术就是调幅（AM）技术。AM 技术最大的优势就是简单，它把频率的高低变化转换为幅度变化的电信号，这样就可以通过发射器传送任意的声音信号了。AM 技术也确实改变了我们的生活，广播行业如雨后春笋般迅速发展，很快就走入了千家万户。RCA 于 1931 年完成了在帝国大厦的发射器安装，是当时名副其实的行业先驱，但是 AM 技术的缺点也很快就暴露出来：噪声很大且不稳定，电台之间也容易受到干扰，而且声音的保真度比较低。

AM 技术的缺陷日益成为广播行业的焦点问题，工程师们开始讨论使用 FM 技术替代方案的可能性。但是美国电话电报公司

（AT&T）一位在行业内极具影响力的数学家在权威刊物撰文并用数学公式证明，FM 技术并不比 AM 技术更优秀。于是行业内的工程师们都接受了这个观点，只有阿姆斯特朗不为所动。

阿姆斯特朗从不迷信权威，对于理论层面的盖棺定论更是不屑一顾，他决定站在行业内所有工程师的反面，不但要证明他们是错误的，还要设计出更优秀的信号传输方案。这是一个艰难的过程，阿姆斯特朗几乎用了 8 年时间来解决基础问题。1934 年，阿姆斯特朗向萨尔诺夫做了一番展示，结果令人震惊。无线电史上第一次，他们在长岛接收到了来自 RCA 帝国大厦发射器的传输信号，他们能清楚地听到往玻璃杯中倒水或是将纸揉成一团时发出的声音。音乐声清楚得好像身临演奏现场。AM 广播的嘈杂声将要成为历史了，高保真音质将取而代之。

作为 RCA 的主席，萨尔诺夫一直没有停止在 AM 技术上的投入，他决定维持广播领域的技术现状，阻止 FM 技术的发展。也许是出于恐惧，萨尔诺夫组织他手下最好的工程师到处诋毁 FM 技术。这一策略一度奏效，他还迫使阿姆斯特朗拆除安装在帝国大厦的试验发射器。当然，阿姆斯特朗并没有被这些困难吓倒，这时他已坚信 FM 技术将成为未来的主流，他在新泽西州哈得孙河上架设了新的发射器，以此抗议。与 RCA 的设备相比，阿姆斯特朗的发射器体积更小，耗费的电能也很少，特别是其传输的声音质量达到了高保真水平，其他传输方案只能望其项背。最终，阿姆斯特朗将 FM 技术授权给通用电气、AT&T 使用，只有 RCA 拒绝了相同的授权条款。在阿姆斯特朗去世一年以后，RCA 才与阿姆斯特朗的遗孀达成了

100 万美元的交易——这个价格是 RCA 在阿姆斯特朗死前就开出的。

阿姆斯特朗的故事对于我们来说具有极大的启示作用。我们实在无法想象，如果没有了阿姆斯特朗在无线电领域的发明，世界将会是什么样子。阿姆斯特朗的发明都出现在历史的关键点上，正反馈技术和超外差式收音机在两次世界大战中都扮演了重要的角色。但我们更感兴趣的是阿姆斯特朗的反叛性，他极端的叛逆性推动了无线电技术的进步，同时也令他付出了生命的代价。我们将探讨阿姆斯特朗的大脑如何以与众不同的方式运转，如何塑造了这样一位伟大的艾客。

大脑、神经经济学与反叛

读者可能会产生疑问，反叛和大脑怎么会扯上关系？仅仅在几年前，我对艾客的大脑也是一无所知。作为一名神经科学家，过去 10 年我一直致力于研究人类大脑的哪些区域负责奖赏与动机，就在这期间，很多科学家发起了一场轰轰烈烈的革命，他们开始重新审视奖赏与快感的生物学基础。过去认为大脑中存在一个快感控制中心，不断促使人类行为的发生。而这场革命彻底推翻了这一结论。计算机算法与药理学重新为我们描述了奖赏与动机之间的关系。我们从中看到的是类似多巴胺的化学物质以严格的算法关系穿梭于神经元之间，就像现代自动化机器一样精确而自成一体。过去大众广泛接受弗洛伊德主义，认为人类的行为主要受到本我的欲望驱动，现在我们更精确地知道，**人类决策都始于大脑特定位置神经元的冲动，**

这些发现促成了一门崭新的学科——神经经济学（Neuroeconomics）。

任何发现都需要建立在不断实验的基础之上，在现代社会中，大学里的实验室与学术研究中心就是实验的重要基地。很多实验室的模式都如出一辙，越来越像一个公司，当然我的实验室也不例外。首先需要有经费注入，然后研究成果作为产出，成为投资回报。作为一个实验室的主管人，我的职责与一个公司首席执行官别无二致。我每一天都需要决定如何在预算范围内分配资源与人力。我的实验室中等规模，每年的运营预算大约一百万美元，但我还是要不断寻找新的资金，以维持产出增长。

实验室的首要功能当然是研究与发展。在学术界，存在约定俗成的方法来量化评价每个实验室的成绩。与其他学科几乎一样，在生物领域，一般用所发表文献的影响因子作为考核指标。所谓影响因子，是指一篇文章被其他人引用的次数，一个期刊的影响因子越高，那么在该刊发表论文被引用的次数就越多，其他研究者的认同度也就越高。由于竞争激烈，在影响因子较高的期刊发表文章是非常困难的，但却可以得到巨大的回报：晋升、更大的知名度以及更多的研究经费。这需要在风险与回报之间做权衡。所以我必须决定如何合理分配资源，是关注风险高、影响因子也高的项目，还是进行风险低、回报也低的研究呢?

与公司运作不同的是，我还必须在另外两件事情上做出平衡。一方面是在已有的框架和想法之上稳步推进某课题的研究；另一方面是做出每个科研人员都梦寐以求的、能上报纸头条的颠覆性成果。那些年轻的博士生都幻想着用几年甚至几十年来冲击诺贝尔奖，以此来告诉全世界，他们的想法是多么的独树一帜，绝不会是传统思想的附庸。科研行业和商业一样有着残酷的竞争。除了受到资源分配的限制，作为一个实验室的主管，我还要做战略决策：与什么样的团队合作，何时把我们的产品（研究成果）投入市场（投稿发表）。我突然意识到，人类的大脑何尝不是这样，也需要在特定的环境下超越竞争者，做出创新。

不同的大脑，不同的思维

首先，我们必须明确什么样的人能够被称为艾客。我想给出一个有操作性的定义会比较简单明了，那就是艾客所做之事都是被其他人认定为无法完成的。这一说法正确无疑，而更确切地说，艾客大脑的与众不同，体现在以下三个方面：

- 知觉（Perception）
- 恐惧反应（Fear response）
- 社交商（Social intelligence）

爱唱反调的人也许会说，大脑与叛逆毫不相关。我曾多次听到过这种言论，其根源在于笛卡尔的心物二元论。这种理论将思维与我们不完美的、甚至偶尔展现出兽性的躯体割裂开来。但是我们拥有躯体，占据空间，需要进食和繁衍，这一切都让我们的思维在运转时受到了巨大的限制。神经经济学的诞生正是基于这样一种认识：大脑的运转方式会限制我们的决策方式。理解了这些限制因素，我们才能开始真正理解人类的行为。

首先要认识到大脑只不过是我们肉体凡胎的一部分，是一个普通的器官，它需要能量来维持运转。但大脑同任何机器一样，会受到有限资源的限制。我们的大脑有固定的能量预算，即便遇到复杂的任务，我们也无法要求大脑透支更多的能量。**经过长时间的进化，我们的大脑也学会了节省能量，它的运转原则是效率至上。我们大多数人受到这个机制的束缚，这也是让我们成为一名成功艾客的最大障碍。**

举例来说，当信息从眼睛、耳朵传入大脑时，大脑会以最快的速度、最有效率的方式处理这些信息。从某种意义上来说，时间就是能量，因为大脑工作的时间越长，耗费的能量也就越多，节省时间就是节省能量。大脑运转的功率大约是 40 瓦特，相当于一个电灯泡，并没有剩余的能量可浪费。这意味着人类的大脑会调用过去的经验和知识，充分利用其他渠道的信息以应对眼前的情况。出于效率的考虑，大脑总是在走捷径。这种机制效果良好，我们几乎没有任何察觉。我们想当然地以为自己对世界的知觉是真实的，但这实际上只是我们想象力的幽灵，我们把神经活动当真了。

你对某物的知觉并不只是眼耳传递给大脑的信息，而是大脑加工后的产物。知觉是叛逆的核心。

规则是用来打破的

艾客以异于常人的方式“看”世界。艾客的大脑没有落入效率的陷阱。无论是生来如此抑或后天的训练，他们都能设法绕过知觉的捷径。

通过研究艾客大脑的知觉过程，我们就会明白他们大脑的工作方式，明白他们为什么没有掉入定势思维的陷阱，从而知道他们的大脑到底有何与众不同。

尽管知觉过程是反叛的核心过程，但是它并不是一开始就焊死在大脑里的。知觉过程就是在经验中学习，这既是诅咒又是机遇。大脑的一项基本任务就是去理解来自各个感官的物理刺激。大脑“看到”、“听到”、“触摸到”的一切事物都可以有多重的解读（interpretation）。我们最终的知觉只不过是大脑尽最大努力做出的猜测。从技术层面上说，这种猜测的基础是判断哪一种解读正确的可能性更大。这些猜测很大程度上受到过去经验和他人看法的影响。

幸运的是，面对过去经验对知觉过程的制约，我们并不是束手无策。最有效的方法是向大脑灌输那些完全不曾接触过的信息。新事物将知觉过程从过去经验的束缚中解放出来，迫使大脑做出新的判断。在接下来的几章中，我们将会介绍如何以不同的方式做到这一点。那些艾客，特别是成功的艾客无一例外都对新事物、新经验情有独钟。

当然，**对大多数人来说，接受新事物是一件很困难的事情，因为新事物触发了恐惧情绪，而恐惧正是阻碍我们成为艾客的第二大因素**。恐惧有很多种类，但阻碍叛逆思维的两种恐惧是惧怕不确定性以及惧怕公众的嘲笑。可能有人会说，这两种恐惧只是小状况，我们可以轻易地将之克服。但是我们之中有 1/3 的人害怕在公开场合发言，这种情况太过普遍，甚至都算不上心理疾病。恐惧虽是人之常情，却使很多潜在的艾客难以脱颖而出。

> **规则是用来打破的**
>
> 真正的艾客也有恐惧的时候，但是他们却能有效地阻止恐惧情绪对行动的影响。

即使我们最终征服了知觉与恐惧，**想要最后彻底蜕变成为一名艾客，我们还需要具有向别人兜售自己想法的能力，这就是我们所讲到的社交商。**霍华德·阿姆斯特朗就是倒在了社交商这道门槛上。他不能说服 RCA 接受他的 FM 技术，最终还因此官司缠身走向了绝路。虽然阿姆斯特朗是一位出色的艾客，但却不是一名成功者。他的失败固然有客观原因，但是从生物学角度研究他在社交商方面的失误，我们可以学到更多的东西。

在过去的十年里，关于“社会化大脑”的知识发生了爆炸式的增长。神经经济学也产生了一个子学科，旨在研究人类大脑如何得出适应群体环境的决策。仔细想想，我们的每个决定何尝不是充分考虑了周围环境、对其他人的影响之后才做出的呢?

> **规则是用来打破的**
>
> 真正的艾客并不是避世而居的，现代的艾客生活在一个充满活力的社交网络之中。他们对世界的改变，始于调整自己的知觉，终于影响他人的观念。

最近神经科学家发现在人类大脑中存在一个区域，负责理解其他人的想法、共情、社会认同等，这个区域在个体促使他人接受自己观点的过程中起到了核心作用。知觉在社会认知中同样起到了重要作用，我们对他人的感知也影响了我们的决策。社交商依赖于知觉的支持，而知觉却又往往屈服于社会环境的力量，这样就使我们陷入这个难以打破的死循环，因此成功的艾客少之又少。

真正的艾客

艾客这个称谓古已有之，并不是现代人的专利，这个词的来历还有一个小小的故事。

规则是用来打破的

公元 725 年，君士坦丁堡的君主里奥三世（Leo Ⅲ）打碎了皇宫门前的圣像，意在打击教会势力，巩固自己的权力。但是“艾客”（原意为“破坏偶像的人”）一词却沿用了下来。

我们眼中的艾客以创新著称，而创新的前提是终结传统的思维方式，因此他们何尝不是“破坏偶像的人”呢？

艾客为我们创造了崭新的机遇，从艺术到科技再到商业，几乎涉及人类社会的所有领域。艾客的创造力和创意性常人难以企及。他们对权威和传统冷眼视之，对条条框框不屑一顾。但是在合适的环境中，每一个群体中都能出现艾客似的人物。不管你是不是想成为一名艾客，只要你希望在自己的领域里取得成功，就有必要弄清楚艾客的大脑是如何工作的。这也是我写作本书的目的所在。

艾客的成就虽然万人瞩目，但他们的生活并不轻松，他们常常被社会和亲友排斥，被同事疏远，还要有足够的勇气去面对一次次的失败。艾客走的是一条极为孤独的道路。尽管大众对于桀骜不屈的个人英雄存有一种浪漫主义的印象，但实际上大多数人都不想成为一名艾客。

本书并不是一本帮助读者成为艾客的自助手册，我只是想让读者了解在艾客的大脑中有三种机制起到了核心作用，在此基础上我们可以学会一点点反叛思想。在任何群体中艾客都是宝贵的资源，了解他们的思维方式还可以帮助我们更好地与之相处。

在本书中，现代社会的艾客将会依次登场，我们将会详细介绍他们的反叛历程。他们挑战传统思维,在潮水般的批评面前毫无惧色，始终坚信自己选择了通向真理的道路。他们的故事为我们对大脑活动的研究提供了鲜活的案例。

也许，这些艾客并不能把我们提到的三种机制都运用到极致，但我们在每一个故事中会着重介绍其中的一种。将这些故事拼接起来，最终就能看到一个终极艾客思维世界的全貌。

第二部分

Iconoclast

与众不同的视角：成为艾客

02 Iconoclast
打破“所见”与“预判”的平衡——视觉vs知觉

艾客代言人

- **戴尔·奇休利**　一只眼睛看世界的玻璃艺术大师
- **保罗·劳特布尔**　换种视角发现磁共振成像的医学界异端
- **诺兰·布什内尔**　打破传统、掀起革命浪潮的电子游戏之父

真正的发现之旅并不是寻找新大陆，而是用崭新的眼光来看世界。

马塞尔·普鲁斯特

Marcel Proust

在室温下，玻璃是固态，不但完全可以承受自身的重量，做成的器皿还可以盛放其他东西。实际上这完全是我们的错觉，化学家告诉我们，玻璃其实是一种流质，只是常温下它的粘稠度太高了，表现得像固态一样。只要微微加热，它液态的性质就会显露无遗。这个关于艺术的故事就从此处开始……

进入玻璃车间就好像进入了嘉年华会的玩乐屋，令人彻底迷失方向。但是，熔炉的轰鸣声仿佛即将起飞的喷气机引擎，在整个车间回荡着。车间内的视觉冲击就更震撼了，就好像掉进了《爱丽丝梦游仙境》的兔子洞，迷宫一样，色彩斑斓，很多颜色我们根本无法叫出名字，似乎只有在梦境中才能看到。高大的熔炉轰鸣着，由工人控制熔炉门打开或闭合。当炉门打开时，热浪将人逼退到近两米之外。就在此时，像太阳光一样强烈的光从中射出，令人无法直视。这就是世界上最富创造力、最杰出的艾客玻璃艺术家戴尔·奇休利（Dale Chihuly）的工作车间。

在奇休利66岁之时，他的名字几乎成了“玻璃艺术运动”的代名词。纽约大都会艺术博物馆与拉斯维加斯美丽湖酒店都装饰着奇休利的玻璃雕塑和大型装置作品，数百万人从美国公共电视台（PBS）了解了奇休利，他还在美国和世界各地举办过数百场艺术展。随着奇休利声名大噪，工作室继续大量生产他设计的玻璃制品，从几千美元的造型质朴的碗，到25 000美元的花瓶，甚至还有标价上百万美元的大型作品。1986年，奇休利在卢浮宫举办了个人作品展，他成为继路易斯·蒂法尼（Louis Tiffany）之后的又一位玻璃工艺大师。

奇休利并不是那种忍饥挨饿的不得志艺术家，他精通商业之道。他的工作室没有固定人数，目前大约100人左右，不管作品如何定价，客户都心甘情愿地掏腰包。事实上，很少有艺术家能够取得如此的财富成就，人们开始把奇休利与毕加索、沃霍尔、霍克尼[①]相提并论。

一开始只是出于实用的考虑，后来奇休利逐渐创造了装饰性的玻璃制品形式，他甚至为其中某些新奇的形式申请了专利。同行们对此嗤之以鼻，媒体也并不是非常理解，只有公众保持着对奇休利新奇创意的热情。实际上，奇休利就是一名典型的艾客，他靠一己之力改变了大众对传统玻璃制品的认识，带领我们走入了一片新天地。

奇休利精彩地向我们展示了艾客所要具备的第一个重要特质：**与众不同的视角。**

---

① 安迪·沃霍尔（Andy Warhol，1928—1987）美国摄影师、导演、艺术家，波普艺术的倡导者和领袖，20世纪艺术界最有名的人物之一。

戴维·霍克尼（David Hockney，1937—　）美籍英国画家、摄影家，当今国际画坛最具影响力的大师之一。——编者注任何人见到奇休利都会对他左眼的黑色眼罩感到好奇，这实在让我们有种时代错乱的感觉，在21世纪还会有人这么高调地佩戴眼罩。自从摩西•达扬[①]以后，还没有人愿意把佩戴眼罩当成一种时尚。其他我们所熟知的眼罩名人均来自小说中虚构的人物。奇休利还会频繁地调整眼罩的位置，似乎30年的眼罩生涯依然使他无法适应。当然这也仅仅可能是他在展现自己的个性而已，不过这并没有什么本质区别。但是，奇休利失去左眼视力的那一刻似乎得到了知觉上的新生，他的艺术眼界豁然开朗，最终成为了一名成功的艾客。

不同的视角

奇休利并不经常待在车间里，只是偶尔前去管理团队的工作，更多的时间他都用来创作。他在巨大的画纸上用泼溅的画法来表达他所感知到的世界，这些画被钉到了车间的墙上，有些还卖到了数千美元。螺旋形和其他有机形态随处可见。其中一幅画的是一个黑色的花瓶，与一只正在烧制的花瓶非常相似，但是瓶中并未插着金色的羽毛，而是长出了迷幻版的美杜莎脑袋，顶着一头桔黄色的蛇。

1976年，奇休利在英国旅行时发生了一次车祸，他被重重地甩在挡风玻璃上，伤到左眼，于是永远地失去了左眼视力。但这并没有阻挡奇休利工作的热情，他依然坚持进入车间亲自制作玻璃制品。直到另一次事故之后，奇休利再也无法在车间工作了。

---

① 摩西·达杨（Moshe Dayan，1915—1981），以色列军事领导人，在第二次世界大战期间参加英军并失去左眼，人称独眼将军。——译者注

"那次车祸以后，对于工作我感到力不从心，我失去了边缘视觉（peripheral vision）和深度知觉，"奇休利说道，

> "后来，我去拉霍亚（La Jolla）看望一位朋友，冲浪的时候我右臂的骨关节脱位，这使我不可能进入车间工作了。康复期间比利·莫里斯接替了我的位置，开始帮我掌管团队。在那以后，我发现这似乎并不是什么坏事，卸任后我反倒轻松了许多。没有那么多决定需要我来做，我可以专注于创作工作。"

奇休利的故事最为震撼的地方在于，他失去左眼的视力以后才蜕变成为一名艾客，甚至奇休利本人也没有意识到这一点。但是我们只要回顾一下奇休利的艺术生涯，就会发现其中的巨大转变。1975年，奇休利在罗德岛设计学院（RISD，Rhode Island School of Design）任教，他创立了玻璃艺术系，并与詹姆斯·卡彭特（James Carpenter）共同创作了最早的玻璃装置作品。在此期间，奇休利便开始尝试创新，他试图把纳瓦霍毯子的设计形式融入玻璃吹制工艺，但是并不成功。不过他掌握了将平面绘画转化为玻璃制品的技术。那次车祸以后，奇休利的艺术创造发生了质变。

1977年在皮恰克琉璃学校任教期间，奇休利饱受失去深度知觉的苦恼，但是当他看到西北印第安人的一种手工编织篮子的那一刻，灵感如泉涌一般，他决定把这些篮子变成玻璃艺术品。

奇休利尝试了各种方法，终于突破了传统的玻璃吹制技术，把热量和重力的作用发挥得淋漓尽致。奇休利设计的篮子是一个土色的圆柱体。尽管名为篮子，但看起来并不像一个篮子，而是像几个已孵化的恐龙蛋，变异成了某种栩栩如生的形态。奇休利失去左眼

视力之后就抛弃了传统的对称美学思维，这并非巧合。

对于我们大多数人来说，失去一只眼睛的视力是身体和精神的双重打击。小萨米·戴维斯[①] 曾经由于一次车祸而失去左眼的视力，当时他以为将失去一半的视力。但是绷带撤掉以后，戴维斯才意识到失去了视力的一大半，感觉好像有一堵墙出现在他的鼻子上面。但是大脑可以很快适应这种状况，同戴维斯一样，奇休利很快就重返工作。其实，失去单眼视力最大的影响还是在于对自己的认同程度。

从 13 世纪威尼斯人发明了玻璃吹制工艺开始，对称性就是制造技术的重要衡量指标，甚至成为了工艺的代名词。直到 20 世纪 70 年代，奇休利在车间里“亲口”吹制的时候，对称还是行业内追求的目标。不具有对称性的玻璃制品在当时是不可想象的。当奇休利把他变形的篮子引入玻璃工艺界时，简直就是对传统信条的公然挑战。

人类一直倾心于对称的事物，当我们在判断一个人是否具有俊俏的脸庞时，其实我们的重要评价指标之一就是对称性。人类对于对称的追求也绝对统治了艺术领域，几乎所有设计师都在或多或少地遵循这条原则。奇休利逐渐适应单眼视觉后，凭借着设计上的良好艺术素养，他能够把非对称的美准确表达出来，从根本上颠覆了传统的观念。生理上的改变使奇休利看到了另一个世界，但我们并不是想告诉读者做一名艾客需要付出如此之大的代价，这只是我们关于艾客的第一堂课：

① 小萨米·戴维斯（Sammy Davis Jr.，1925—1990），著名美国艺人，是第一批冲破种族界限的黑人演员之一。——译者注

规则是用来打破的

艾客看到的总是与众不同。

人类所获得的绝大多数信息均来自视觉系统，我们是不折不扣的视觉动物。当我们想象某事物的时候，一幅鲜活的画面会立即映入脑海，人类几乎无时无刻不在依赖视觉系统。其实视觉系统只是负责收集视觉信息，对于信息的整合与解释则由知觉过程负责，经过这样复杂的处理后，心理意象才能最终进入我们的意识领域。

视觉过程

视觉过程开始于我们的眼睛。人类的眼球可以分成两个部分，晶体系统与探测系统。眼球最外层的部分是眼角膜，负责聚集光线，然后把光线传送给晶状体。晶状体把光线聚焦在覆盖眼球内侧的视网膜上。晶状体的作用和照相机镜头的功能基本相同，不过它是由一系列细长的纤维细胞构成。纤维组织附着在其周围的肌肉上，随着肌肉的紧张与放松，晶状体便可以控制光线在视网膜上聚焦的焦点。

当光线投射在视网膜上以后，物理图像转换成心理意象的过程就正式开始了。视网膜上充满了一种对光线格外敏感的神经细胞，我们一般称之为感光器。感光器含有一种特殊色素，可以吸收光子能量并把能量转换成为电信号。在显微镜下观察视网膜，我们会发现两种形状的感光器，根据它们的形状，我们分别称为视杆细胞与视锥细胞。视杆细胞的感光面积较大，一次可以接收到不少光子，因此非常适合夜间视力。视锥细胞的顶端要小得多，敏感程度也较差，但是这些锥体紧密地排列在视网膜的中心位置，这种阵列使它们非常适合分辨微妙的细节。视锥细胞还包含3种不同色素，这些色素以不同的比例聚集在每个视锥细胞中，于是我们才能感受到颜色。

也许有人会说，人类眼球的成像原理似乎与数码相机没什么区别。但与相机不同的是，感光器并不是均匀地分布在视网膜上的。视杆细胞散布在视网膜的边缘，而视锥细胞聚集在视网膜的中心，因此越正对视网膜中心的物体我们看得越清晰。另外，在感光器将电信号传送给大脑之前，图像就已经被分成不同的部分，视野中央的信息享有优先的“带宽”。我们不断地移动目光，就能建立起反映周边环境的完整心理意象。大脑可以通过猜测填补视觉信息碎片之间的空白。如果不幸大脑猜错了，那么我们就会对眼前的事物做出错误的判断。

下面我们来谈谈盲点。猫、狗一类的动物没有盲点，这是人类及其他灵长类动物特有的。感光器内侧覆盖着一层薄薄的神经细胞，负责基本的图像处理，并将信号通过视神经传送给大脑。视神经是一个索状结构，穿过视网膜与大脑连接，视神经穿过的这个小孔没有任何感光细胞，就成为了盲点。尽管存在这样一个盲点，但在视野内我们从来不会看到一个黑洞，因为知觉系统很好地猜到了这点上应该有什么。

在信号离开眼球之前就已经有了一些改变。视网膜的神经节细胞层位于视网膜的较内层，与视神经相连。神经节细胞不但从感光器处收集视觉信息，同时还是控制这些信息传导的中枢。神经节细胞可以判断光的强度，从而调节信号的传出，使之保持在一个稳定的范围之内。在夜晚，神经节细胞会调高光线的接收强度，在白天就相应地调低。对于信号传入大脑的速度，神经节细胞也会即时监测并施加干预，确保系统正常运转。有人根据神经节细胞的数量及放电频率，估算出人类眼球的视觉信息传输带宽为1Mb/秒，与线缆调制解调器的速度相当。

视网膜上的盲点是眼睛向大脑传送信号的起点，信号通过视神经的传导进入丘脑，再进入大脑皮层，心理意象就是在这里构建起来的。视觉皮质中枢位于大脑后部，我们称为V1区域，负责视觉信号的初步处理。如果直接用电刺激V1区域的神经细胞，我们会产生幻视现象。出于同样的原理，大脑后部受到重击时，我们会看见满天的金星。V1区域的神经细胞与视网膜上的感光器严格对应，它们负责提取物体的位置、边缘、方向、双眼视差等基本信息。

知觉过程

尽管视觉信号在传入V1前已经过一定程度的加工，但这并不是我们所说的知觉过程，此时我们还意识不到大脑正在做什么。V1的输出信息分成两个渠道，分别称为背侧流和腹侧流（见图2—1）。背侧流又叫“空间通路”，是经过大脑顶部的信息通路，负责传输物体的相对位置信息。腹侧流又叫“内容通路”，它取道双耳上方的颞叶，对视觉信息的内容进行分类。这两条通路高度协同配合，使我们可以流畅地感知到双眼传输的信号。大脑对信息的处理结果不仅取决于当前接收的信息，同时还取决于大脑的预期编码。大脑不断地对将要看到的画面进行预先判断，只有在出错时才会改变。通过深入研究，我们发现人类的所见总是与预判保持高度一致，想要打破这个平衡是非常困难的，但这却是成为一名艾客的必要素质。

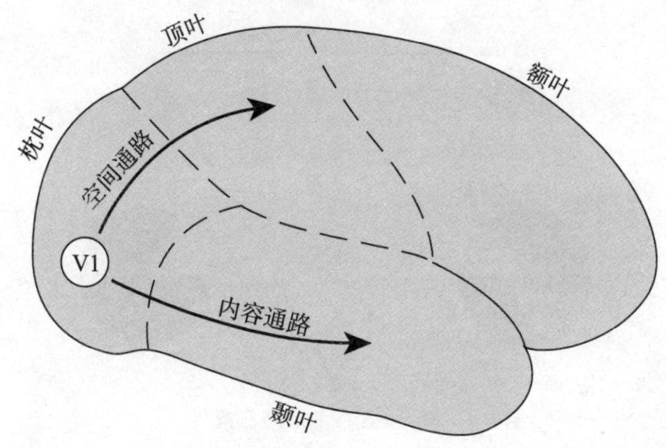

图 2—1　从视觉中枢向大脑前侧传输信息的空间通路与内容通路

在视觉皮层的初级加工阶段，神经组织细胞各司其职，在功能上没有协作关系，甚至不交换任何共享信息。当信息穿过空间通路与内容通路以后，来自视网膜感光器的全部信息开始整合，在此时我们的大脑才意识到双眼看见了什么。虽然信息经过了拆解与整合过程，但是大脑感知到的绝不是或明或暗的像素点，而是清晰连贯的画面，有动有静，五颜六色。

我们以图 2—2 为例，探讨人类大脑对信息的分解与整合过程。图中有三个吃豆人形状的图案与三对折线，但读者看到此图的第一反应恐怕是一个浮于背景上方的白色三角形。实际上图中根本没有任何三角形，我们可以把目光集中到某一个孤立的元素上，这样就可以屏蔽大脑固有的知觉方式，但目光稍有移动或放松，那个三角形就又会回到我们的视野中。

图 2—2　卡尼莎三角

哪一个才是真正的知觉，吃豆人还是三角形？不管你觉得自己看到了什么，眼睛接收的信息始终没有变过。因此我们说知觉是大脑的产物，而不是眼睛的产物。三角形比吃豆人更为普通常见，而且“一个漂浮三角形”的知觉比“三个吃豆人和三组折线”更为简洁。因此大脑更倾向于将其感知为三角形。

知觉过程的一个核心规则就是输入的信息与过去的经验共同决定知觉结果，这样对于常见的事物，大脑就会轻松自如地得到加工结果，而且不会耗费过多的能量。面对那些不常见的事物，大脑没有先验可寻，只好“从零开始”，可想而知这样会耗费较多的能量。

现在我们回到艾客的问题上来。实际上，艾客得到的视觉信息与我们得到的一般无二，因为我们所面对的客观世界只有一个，但是他们大脑对信息的加工过程，即知觉过程，就独辟蹊径了。有许多方式可以强迫大脑跳出懒惰的知觉定势，关键在于要有意想不到的惊奇元素，如果大脑遇到了从未处理过的新事物，就不得不跳出预判的怪圈。奇休利就是因为失去了一只眼睛的视力，进而他的大脑为他提供了全新的认识世界的方式。

磁共振成像的发现者

现代医学的发展日新月异，对于计算机轴向断层扫描（CAT）与磁共振成像（MRI）等技术，我们早已习以为常。实际上，现代医院常用的医疗技术都是近几十年发展起来的，比如 MRI 只有 30 年的历史。MRI 的故事本身就充满了叛逆性。

20 世纪 40 年代人类发现了核磁共振现象，磁共振成像技术正是基于这一物理现象。如果把原子置于磁场之中，原子会发生共振现象，这就是我们通常所说的核磁共振（NMR）。原子的共振频率与其本身的种类有关，同时也受到外加磁场大小的影响。磁共振技术一直是化学家的技术工具，直到 20 世纪 70 年代，保罗·劳特布尔（Paul Lauterbur）改变了这一切。劳特布尔长期致力于磁共振的频谱研究，因此成为很多磁共振设备公司的顾问。当他为一家公司提供咨询服务时，遇到一位约翰霍普金斯大学的研究者正在进行癌细胞组织的磁共振频谱实验。于是他萌生了利用磁共振技术区分正常细胞与癌细胞的想法。

利用磁共振技术确实可以区分正常细胞与癌细胞的差别，但是却无法找到差异的具体位置。从来没有人想过磁共振技术是否可以定位差异，因为化学领域的研究人员都专注于样本成分的分析。传统观点认为无法定位差异并不是什么大问题，因为人们总是可以把组织样本割下来一块一块地检查。

劳特布尔坚信可以在一整块组织中定位差异，不过这存在巨大的技术难度。磁场的不均匀性会导致很多模糊信号，很多学者把这些模糊的信号当做噪音全部屏蔽掉，但劳特布尔却把这些模糊信号看做突破口，他认为其中可能隐藏着可破译的信息。

劳特布尔顿悟出一个主意：故意将磁场设置成不均匀的。这简直是 NMR 领域里的异端。劳特布尔这样思考，如果这种不均匀性是可以预测的，比如从左到右，那么不同位置原子的震动频率就会出现微小的差异，这些差异组合起来可以产生粗糙的图像。劳特布尔利用两种不同类型的水进行实验，结果他成功地实现了磁共振的成像。

兴奋异常的劳特布尔把研究成果投寄给顶级的学术期刊，但立即就被拒绝了。他回忆说："即便我已经做了出来，但是很多人还是宣称这不可能。"随着时间的推移，劳特布尔的思想渐渐得到了主流的认可。他在 2003 年获得了诺贝尔医学奖，但这距他最初的发现已有 30 年之久。

劳特布尔与奇休利的故事有一个共同点，那就是他们都在以非同寻常的方式认识世界，这种特殊的知觉过程就是我们揭开艾客秘密的开始。

人物、地点与事件

视觉信息通过 V1 区域后，分别沿着空间通路与内容通路两条信息传输路线前进，最终在大脑皮层的额叶汇合。就在这两条通路上，大脑完成了对信息分解与整合的过程，判断出物体是什么、在哪儿。这个过程确实有点儿匪夷所思，只有最强大的计算机才有可能完成识别物体的任务。比如对一辆自行车和一辆汽车进行区分，虽然这对人脑来说没有任何难度，但可能就难倒了电脑，同时都有轮子，特别是在某些特殊角度下更难以分别。差异巨大的物体尚且如此，就更不要说识别人脸了。

在科学发展日新月异的今天，人类大脑在智能方面仍然可以傲视任何电子设备，这着实是一件令人高兴的事情，但是人类为此也付出了巨大代价。在漫长的进化过程中，人类学会了不断地适应周边变化的环境，在一次次的磨练过程中，人脑逐渐学会了用最省力的方法完成最复杂的任务。我们可以轻易区分敌人与朋友，捕食者与猎物，同时我们也可以迅速做出重要决定，在危险的情况下是战还是逃。我们在面对纷繁复杂的信息时，大脑逐渐摸索出了模式化的经验，在视觉信号的处理过程中，有效信息与无效信息迅速被甄别出来。

规则是用来打破的

尽管我们所见物体的位置信息也很重要，艾客的与众不同之处主要在于他们对事物的分类。

非对称的事物是“美”还是“丑”，完全取决于先验的分类方法。同样，把磁共振频谱认定为噪声或是有效信息也由分类方式所决定。

人类生活在社会之中，每天需要反复做的事情就是对人脸的识别。现代社会要求高度的分工协作，人们参与社交的程度越来越深，这就格外要求大脑把人脸与其他物体区别对待。神经科学家已经找到了大脑中专门负责人脸识别的功能区域，我们一般称为 FFA 区域（fusiform face area）。FFA 区域的某些神经元细胞表现出高度专门化的功能，只有当我们以某个特定角度观察人脸时才会被激活。

神经科学家把 FFA 区域神经元网络处理信息的方式称为分布式运算，这也从另外一个侧面证明了大脑组织信息的高效性。分布式运算调动网络内所有的神经元共同完成工作，每个神经元各司其职，处理人脸的不同要素，各神经元没有主次之分。而且该网络会根据环境的不同，灵活利用每个神经元，安排不同的信息处理方式。分布式运算还意味着 FFA 区域的神经元网络是可以再编程的，也就是说，我们感知事物的方式是可以改变的。

虽然艾客大脑的一个关键特点就是可以对神经网络再编程，不过这并不对每个人都适用。改变需要一个渐进的过程，否则无论艾客提出多么与众不同的设想，我们都会毫不留情地投下反对票。

电子游戏的开山祖

在前边的图示中我们使用了吃豆人的图案，20 世纪 70 年代长大的读者恐怕对这个风靡一时的游戏还记忆犹新。如果我们现在重新拿起游戏机回味这款游戏，可能会觉得没什么大不了，可是在当时，电子游戏是一种革命性的娱乐形式。我们现在接触到的电子游戏，无论是在电脑上还是其他游戏机上，都起源于一个模拟乒乓球运动的游戏，叫做 Pong。Pong 是电子游戏行业的开山鼻祖，它的叛逆性在游戏界掀起了一个崭新的革命浪潮。

Pong 的发明者叫诺兰·布什内尔（Nolan Bushnell）。1970 年他还只是硅谷一名普通的电子工程师。布什内尔所在的安培（Ampex）公司主要生产录音、录像设备。虽然布什内尔拥有相当丰厚的薪水，可是他一直心有旁骛，因为他热爱的是电子游戏。最终布什内尔来到了一家小公司，设计了一款投币的街机游戏，名为《电脑空间》（*Computer Space*）。这款游戏完全不同于传统模式，引入了很多操作性元素，需要游戏者更主动地投入到游戏中去。

也许在今天，我们并不会认为这款游戏有何特异之处，但是在当时，除了布什内尔的工程伙伴，很少有人能够接受这种全新的游戏方式，绝大多数游戏者认为操作过于复杂，实在难以掌控。当时的玩家在大脑中尚未形成对这种新型娱乐方式的解读和分类。

虽然《电脑空间》失败了，但布什内尔毫不气馁，他与特德·达布尼（Ted Dabney）共同创办了一家公司，就是后来在游戏业赫赫有名的雅达利（Atari）。他们雇用了刚毕业的电气工程师小伙子阿尔·奥尔康（Al Alcorn），制作一款乒乓球游戏。

当时没人对电脑版的乒乓球游戏感兴趣。要是想玩乒乓球，你会到球台上去打。人们这种根深蒂固的思考模式与化学家们谈起核磁共振的情景大同小异。布什内尔顶住了压力，继续埋头苦干。为了使游戏尽可能简单，他提出屏幕上只显示一个球、两个球拍和玩家的得分。奥尔康姆不到两星期就做成了那台游戏机。出人意料的是，那台游戏机让人玩得不亦乐乎，欲罢不能。最重要的是，它不用任何说明，也不需要玩家重新理解，别忘了它是放在酒吧里的，玩的人可能已经喝得晕乎乎的了。

1972 年，Pong 乒乓球游戏机在森尼韦尔（Sunnyvale）的一家酒馆开始了试运营。两星期后，酒馆老板打电话给布什内尔，让他来修乒乓球游戏机。他发现机器并没有发生故障，只是硬币盒塞满了 25 美分的硬币，无法再投币了。布什内尔欣喜若狂，由此投币式街机开始大行其道。

Pong 的简单性也威胁到了雅达利的发展，因为它很容易模仿，竞争对手很快一拥而入。在濒临破产之际，布什内尔大胆制作出家庭版的 Pong 乒乓球游戏机，颠覆了街机游戏只能在外面玩的观念。对于一家对电子消费领域毫无经验的公司而言，这样的策略无疑是在冒险。硅芯片技术迅猛发展，到了 1974 年，一条定制的芯片就能容纳全部的电路，这样街机游戏就得以移植到家用平台上。事实上，美国的零售业公司西尔斯（Sears）独家买断了这款游戏，并订了 15 万套，这样，雅达利得以度过危机，而布什内尔也有了资本进行下一项冒险——创立查克芝士公司（Chuck E. Cheese’s）。

像艾客那样看世界

大众对于艾客的大脑一直具有强烈的好奇心，到底里面发生了什么“化学反应”，使他们产生那么多神奇的创造力。现在我们知道了其中秘密之一就是他们看到了不同的世界。奇休利不就是失去单眼视力而变得豁然开朗吗？这充分说明了新的视角能够催生新的想法。艾客思维从知觉开始，确切地说，是从视知觉开始。像艾客那样思考问题需要首先做到像他们那样去看世界。

在视知觉过程的每一个步骤中，大脑都会扔掉一些信息碎片，并对已有的信息进行同化，以形成越发抽象的信息组块。经验在这个过程中扮演了主要的角色。人脑倾向于把事物识别为它熟悉的东西。**在熟悉的环境中，顿悟式的发现几乎不会出现。**

规则是用来打破的

像艾客一样看世界的关键，就是要去观察你从未见过的事物。如果你只是直愣愣地盯着一个东西看，然后绞尽脑汁地思考，那必然不能获得知觉上的突破。只有当知觉系统面对一个它无从解读的事物时，突破才有可能出现。

陌生感会强迫大脑摒弃固有的知觉分类系统，创造新的分类方式。

对于奇休利来说，视觉的改变是翻天覆地而又痛苦的。但在生活中，有时候小小的改变就足以把我们拽出分类机制的魔咒，比如经常有人在餐厅吃饭时想出新的点子。而当环境发生更大的变化，例如去外国旅行时，效果会更加明显。当我们身处一个完全陌生的地点，大脑必须重设对事物的分类方式。旧有想法完全被搅乱，混上新的信息，形成新的综合。

结识新的朋友也可以促进知觉突破。他人经常会谈起自己看世界的方式，这些想法足以撼动我们固有的知觉模式。切换观察事物的着眼点也可以催生新的知觉。盯着事物的部分细节与后退一步纵观全局会给我们带来完全不同的视知觉。

尽管我们可以通过改变视觉系统的工作方式来占领创意的高峰，但想要实际做到却远没有我们介绍的那样简单。在第 2 章中，我们将会看到，大脑为了减少能量的消耗，保持效率的优势，往往会拒绝新经验的输入。

03 Iconoclast
挣脱“高效率，低耗能”的大脑效率原则——知觉vs想象

艾客代言人

- **沃尔特·迪士尼** 将动画变成电影的动画界艾客
- **弗洛伦斯·南丁格尔** 将极坐标图用于伤兵管理的女艾客
- **布兰奇·里基** 第一个雇用黑人棒球球员的白人经理
- **凯利·穆利斯** 打破人工不能合成DNA神话的化学家

教育的主要目的在于让我们抛弃已有的经验。

马克·吐温
Mark Twain

行别的活动。视觉创造，或者说想象，与视觉共用同一套神经系统。想象来自视觉系统，艾客思维又与想象力联系在一起。我们在聚集力量打破传统思维之前，必须找到传统思维不合理的地方，然后才能接着寻找合适的替代物。但是人类的想象力是变幻无常的，有时思如泉涌，有时又像一潭死水。在本章中我们将会探讨大脑到底在什么样的状态下会孕育出想象力和创造力。

伴随着年龄的增长，我们的创造力似乎也在衰退，这可能是教育方式的影响，或者仅是大脑生理成熟的一种反映。因为随着年龄增长，大脑中所积攒的信息越来越多，再加上效率原则的要求，大脑需要用分类的方式来管理这些信息。

规则是用来打破的

想象力的源头就在于打破固有的分类方式，看见一件事物时，不是认出“这是什么”，而是要想到“这有可能是别的什么”。

动画界的艾客

娱乐产业的革新者沃尔特·迪士尼（Walt Disney）也是一位艾客，他做到了常人认为不可能的事情。迪士尼把动画片从电影开场前的小品变成了电影的正片。

迪士尼从小就喜欢绘画，第一次世界大战末他驻扎在法国，那时他已经是非常优秀的插画家，并对绘画充满了热情。他曾为食堂的菜谱设计了一个面团男孩的形象。后来还做起了一个小生意，为美国士兵设计漫画形象，让他们能够把画连同信件一起寄给自己的家人。回到家乡堪萨斯市后，迪士尼以替人设计广告和信笺抬头为经济来源。迪士尼虽然画得很好，但是他对绘画的热情太过执著，同事觉得他不好相处，老板也不喜欢他。不久以后堪萨斯市另一家为电影院制作幻灯片的公司，雇用了当时只有 19 岁的迪士尼，为他们绘制广告。

迪士尼开始痴迷于将绘画与电影技术结合的想法，虽然他的工作还只是单幅的卡通形象，在本质上还算不上电影，但已被放映到了大银幕上。那些原本画在纸上的视觉图像，一旦投射到银幕上，显得比真人还大。他被震撼了，那些图像对他的视知觉产生了深刻的影响，使得他浮想联翩，希望能把自己画的卡通变成真正的电影。迪士尼利用业余时间，在父亲的车库中建立起属于自己的工作室，为此他还得付给父亲每月 5 美元的租金。迪士尼购买了架空摄影机架和灯光设备，借来一部玻璃底片摄像机，开始了他画纸变动画的“试验”。当时并没有人重视迪士尼，但这个试验改变了他的视知觉，整个人的观念也为之一变，很快他觉得自己已不再是一名插画家，而是动画家了。

动画并不是迪士尼发明的，但他将其推进到前所未有的高度。当他刚进入那个行业时，动画只用做正片之前的广告。当迪士尼下决心将动画做成正片时，他已然是一名艾客了。

迪士尼故事的动人之处在于，虽然他自孩提时代起就一直绘画，但他最著名的成就来自于视知觉的转变。迪士尼绝不是一觉醒来突发奇想要做动画长片。要产生这种想法，首先要有全新的视觉刺激——目睹静态的卡通投射到电影院的大银幕上。那些图像改变了迪士尼的观念，卡通画不再是静态的，而是活动的，它们要向人们讲述美妙的故事。

知觉进化论

迪士尼的顿悟来源于他知觉上的转变，而正是知觉上的转变开启了他想象力的闸门。知觉与想象紧密地联系在一起，因为在大脑中它们共用一个系统。知觉过程反过来就是想象，大脑对于知觉的制约也直接限制了想象。所以，让我们首先近距离观察一下知觉系统是怎样工作的。

近一百多年来，有关大脑建立心理图像的主流观点一直是特征提取理论。当我们循着大脑中的视觉信息流，看一看它到底是经由空间通路还是内容通路时，我们会发现视觉信息流从基于视网膜格栅的局部加工逐渐过渡到全局加工，从而提取出所观察对象及其位置。对此，传统观点一直以来都是在以金字塔方式来整合那些低阶特征。在这个过程中，经验只扮演了一个小角色。但根据最近神经科学的研究进展，我们发现有的时候经验的影响非常重要。

戴尔·珀维斯（Dale Purves）是杜克大学的神经科学研究者，他就是知觉进化论观点的坚决支持者。珀维斯指出，视网膜上的影像并不能肯定地告诉我们看到了什么。让我们回想一下前一章的那张卡尼莎三角图片。对于这张图片我们至少可以有两种解释：三角形或是吃豆人。视知觉的自下而上（bottom-up theory）的加工理论认为，三条折线的位置关系形成了三角形的边缘，这使我们把三条折线认知为一个三角形。对此，珀维斯提供了另外一个完全不同的解释：我们的大脑对眼睛所传入的信息做出了可能性最大的解释，这些解释是过去经验的直接结果。

珀维斯的理论对于我们探讨艾客的思维方式极为重要。如果读者从未接触过吃豆人这个游戏，那么在这张图片上看到的就会是一个漂浮于背景的三角形，吃豆人的形象甚至不会进入你的意识，你自然对这个经典的游戏形象视而不见。

图 3—1 是著名的蓬佐错觉，由意大利心理学家马里奥·蓬佐（Mario Ponzo）于 1913 年设计。在图中，上下两条横线长度相等，但我们却会感觉到似乎位于上边的那条横线要比下边的长。自下而上的知觉加工理论对此的解释是：底部那条横线两边有更宽阔的空间，所以大脑会误认为底部这条横线更短。知觉进化论认为，对于两条线长度的错误判断来源于经验。在现实生活中，我们知道在上方汇合的两条线一般都是平行的，只是距离我们越来越远。铁路轨道、公路与摩天大楼都是这样。

这种现象比比皆是，大脑对此习以为常，总是不自觉地把看似金字塔的线转变成平行线。在蓬佐错觉中，这种转变会使大脑错误地认为上边的线比下边的线长。如果这是摩天大楼的草图，你自然会得出结论：上边的线更长，因为它更接近楼顶，而下边的正相反。你可以把图 3—1 倒过来看，即可证明这一点。在真实世界中，你几乎看不到在底部彼此汇聚到一起的线条，这当然不是消逝在远方的线条。于是，上下线条长度不等的错觉就会消失。

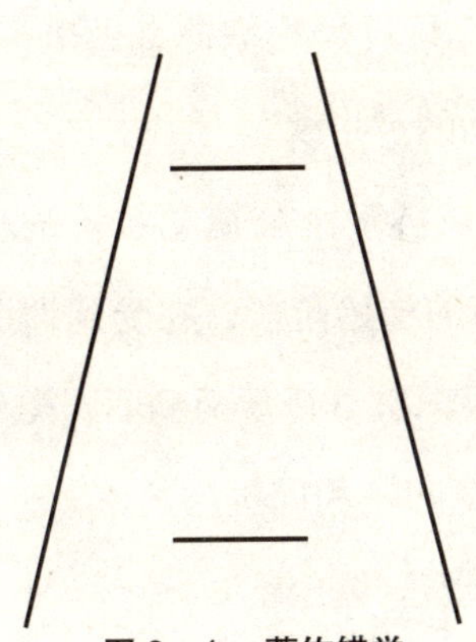

图 3—1　蓬佐错觉

如果经验对人类的知觉过程有如此重大的影响，那么我们应该可以利用实验再现这种效应，以观察知觉的改变。乔治敦大学（Georgetown University）的神经科学家就开展了一项关于该问题的实验研究。

研究者首先利用电脑设计了一系列的汽车图片，这些汽车款式的变化在某个特征上有规律可循，最极端的两种车型是 A 型和 B 型。如果我们把这两种车型看做一个数轴的两端，那么其余的车型就在这根轴上均匀分布。被试[①] 观看这些汽车图片，同时主试利用功能磁共振成像（fMRI）设备记录被试大脑的神经活动情况。在这之后，主试训练被试区分这些汽车类型的差别，然后再次进行磁共振扫描，主要是观察那些在受训后神经活动模式发生变化的大脑区域。我们知道，根据效率原则，研究人员开始寻找在图片刺激之下神经活动减少的大脑区域。看到已知信息重复出现，从而引起神经活动减少，

① 被试就是参加心理学实验的人（或动物），根据实验者（主试）的要求完成一定的任务。——译者注

这意味着大脑的那个区域已经根据信息做出了相应的改变，并且刻上了特定认知神经活动的“指纹”。

实验最大的发现来自于大脑视觉系统的枕叶外侧区域（LO）。LO 区域位于内容通路的初始阶段，在受到训练后，LO 区域的工作方式出现了变化。如果向被试呈现两辆不同类型的汽车，LO 区域的激活水平明显高于呈现两辆相同类型的汽车。而被试在接受训练以前，LO 区域并没有出现这些变化。

从这个实验中我们可以得到两个重要的结论：

- 第一，人类的知觉过程严重依赖于分类机制。没有分类机制的存在，我们就无法区分物体之间的差异。
- 第二，区分物体细节上的差异主要依靠经验，这也提示我们可以通过经验来改变知觉过程。

死亡的启示

人类对于战争的记忆是痛苦的，硝烟弥漫的年代里无数人妻离子散、背井离乡，很多人甚至失去了性命。直到 20 世纪，我们都一直认为威胁士兵生命的就是他们在战场上受到的外伤，现在我们已经知道，实际上真正的罪魁祸首是疾病。弗洛伦斯·南丁格尔（Florence Nightingale）在 19 世纪 50 年代首先发现了这个事实。现在,南丁格尔的名字已经成为护理工作的代名词。作为一名女性艾客，南丁格尔改变了过去女性从事护士职业的卑微地位，使护理走向职业化、技术化，成为医疗行业的重要组成部门。另外，南丁格尔还是一名统计学领域的开拓者，她堪称艾客中的艾客。

战争中的伤亡问题，一直是各方关注的焦点。在克里米亚战争[①]期间，南丁格尔改变了自己对伤兵死因的认识。1854 年冬天，南丁格尔与另外38名妇女作为志愿者来到君士坦丁堡附近的英国兵营中，承担起护理伤兵的工作。虽然南丁格尔与同伴们竭尽全力，却还是无奈地看到伤兵的死亡率仍在直线上升，而死因往往不是外伤，而是伤寒、霍乱之类的高传染性疾病。起初，南丁格尔认为是由于营养太差，这是当时最盛行的观点。战士们确实存在营养不良的问题。由于死亡人数过多，军方命令展开调查，寻找确切的原因。正是在这次调查过程中，南丁格尔有了全新的发现。

那是在第二年的春天，兵营附近简陋的临时下水道被大水彻底冲刷了一次，在那以后，伤兵的死亡率终于有所下降。这是令南丁格尔思维转变的一次关键性事件。她开始系统地收集信息，观察死亡与外伤、营养、卫生等因素之间的关系。南丁格尔非凡的数学才能使她有了知觉上的转变，并因此成名。在给维多利亚女王（Queen Victoria）的信中，她使用了新颖的数据展现方式——极坐标图，该图与饼图类似。南丁格尔以图形演示了有多少士兵正因卫生原因而濒临死亡。这种方式一改传统，极坐标图首次用于实际问题，而对病人的护理观念也因此改变。

事实证明，图表能以全新的视觉方式汇总、演示信息，它简单明了，而且还有效地改变了人们的因果观念。在有这份图表之前，

① 克里米亚战争（Crimean War）是1853年至1856年间在欧洲爆发的一场战争，作战的一方是俄罗斯，另一方是奥斯曼帝国、法国、英国。因为其最长和最重要的战役发生在克里米亚半岛上，故称为克里米亚战争。——译者注

军方认为士兵多死于战争并发症。那是军事领袖从战斗经验自然得出的结论，但他们却没有医疗经验。南丁格尔用与将军们截然不同的经验粉碎了人们的教条主义，并用视觉形式传递给大众。因为她的经验，南丁格尔学会了从另一个角度看待医疗，也因此教会他人以她的方式考虑问题。

联结式学习

有关学习的理论已出版了很多专著，但对于艾客而言，其中的重要因素可浓缩为：经验修改了神经元之间的联结，这样它们在加工信息时会更有效率。

从广义上来讲，心理学家与神经科学家把学习分成两类，其中一类属于经典条件反射理论，由俄国生理学家巴甫洛夫（Pavlov）首先提出，他通过研究狗的消化腺分泌活动，发现了所谓的**联结式学习**（associative learning）。

当一只狗看见它的主人拿着狗粮，它会变得非常兴奋，开始摇尾巴。其实，狗的这些反应并不一定是因为它很高兴，而是因为它已经将狗粮的包装与随后要发生的事情（喂食）联结起来了。在主人看来，狗看起来很幸福，但实际上这种感觉只是我们投射到宠物身上的人类情感，而狗的客观经验我们却不得而知。有趣的是，狗的行为也在主人的大脑中引发了相应的学习。当主人拿着食物，他会确切地知道狗的反应，因为人类很喜欢狗的期待行为，所以说狗也增强了主人的喂食行为，而它本身对此并不知晓。

如果我们对发生条件反射的大脑进行观察，就会发现神经元的工作方式也发生了类似的变化。瑞士神经科学家沃尔弗拉姆·舒尔茨（Wolfram Schultz）主持了一项实验，测量在条件反射状态下猴子脑内分泌多巴胺的神经元的激活率。多巴胺是脑内的一种神经递质（neurotransmitter）[①]，由脑内一小部分神经元合成，这些神经元的数量不超过大脑神经元总量的百分之一。从1950年多巴胺被发现的那天起，一直到1990年，学者们都认为多巴胺掌管着人类的愉悦情绪。不管是人类还是动物，当食物、性爱等令人愉悦的事情出现时，总会伴随着脑内多巴胺的分泌。舒尔茨却试图探讨多巴胺与联结式学习的关系。

> 他训练一些恒河猴注视一盏灯，当灯被点亮时，猴子的舌头上就会得到一滴果汁。在训练之前，舒尔茨注意到在受到果汁刺激时，多巴胺神经元会激活，这与前人的观点一致。经过一个短暂的训练，恒河猴学会了把灯光与果汁联结起来，这时舒尔茨发现多巴胺神经元对果汁的刺激已经不再敏感，但却对灯光保持了高度的兴奋。

这个实验结果告诉我们，与脑内其他神经元组织的工作机制一样，多巴胺的分泌会根据环境的变化做出调整，一些无关的随机事件，比如灯光与果汁，会因这一学习过程而被联结起来。

类似的学习机制也发生在知觉过程之中。当大脑反复接触到相同的视觉刺激时，虽然视觉系统的神经元会持续做出反应，但是强

---

① 神经末梢分泌的化学组分，作用于相关的神经元，完成信息的传递。——译者注

度会越来越低。这种现象叫做“重复抑制”（repetition suppression），无论是在V1区域还是在空间通路与内容通路，都出现了重复抑制现象。重复抑制对我们意义重大，因为它非常符合人类大脑的效率原则。总体来说，对于重复出现的物体，神经的激活水平呈线性下降的趋势，6到8次的重复以后，激活水平只相当于最初的50%。同时，还有其他因素也会影响重复抑制的效果，比如重复事件出现的频率、两次重复之间的其他干扰事件等。但总体来说，重复的刺激降低了神经元的激活水平。

对于重复抑制的研究尚无定论，目前主要存在三种理论可以解释。第一种理论认为，神经元也像肌肉一样会疲劳，从而降低了反应的强度。第二种理论认为，伴随着重复性事件，神经元由于熟悉而加快了反应速度，表现为降低反应强度。第三种理论目前得到了广泛的认可，被称为锐化假设（sharpening hypothesis）。人类大脑的认知功能由神经元组成网络协同完成，每一个单一神经细胞并不承担独立任务。如果神经元网络不断处理相同的输入刺激，此神经元网络内的工作分工就会越来越精细化、专门化。随着效率的提高，一部分神经细胞就不再参与到信息处理过程中，这样神经元激活水平就降低了，最终达到了节省能量的目的。

如果我们继续深入探讨重复抑制的生理基础，就会发现变化发生在神经突触的分子水平。这些变化有不同的时程，从几毫秒到几天，甚至几年，跨度巨大。极短时程的突触变化会耗尽钾、钙等重要离子，以秒为单位的变化会耗尽神经递质，比如多巴胺。在更长的时程下，神经元完成了对外界的适应。这种适应的过程受到了某些基因的控制，这些基因会根据实际需要修剪已无实际功能意义的神经突触，并萌生新的神经突触。

从视觉映像到想象

人类的大脑依靠分布式过程来处理信息，这意味着当眼睛不能提供任何视觉信息时，我们依然可以在大脑中建立映象，这就是心理意象，它与想象有着极为密切的关系。

关于知觉、意象、想象的关系一直存在激烈的争论，直到最近，随着神经科学研究的进展，这层朦胧的面纱才逐渐被揭开。传统观点认为视知觉信息唯一的目的地是额叶，想象与认知的过程都发生在这里。但最近的实验表明，顶叶与颞叶也参与了心理意象的形成过程。

心理意象的形成与实际的知觉过程很类似，两者用于成像的结构也都相同。更令人惊奇的是，视觉皮质的活动力度与一个人成像的强度和鲜活程度有关。活动越强烈，想象出的场景越生动。

不幸的是，效率原则与想象是相悖的。现在请读者闭上眼睛，在脑中构想阳光洒在沙滩上的情景。

你是否构建了一个细致入微的画面？暖暖的海风徐徐吹来，棕榈树轻轻摇曳，海浪也在一下一下地拍打着岩石。你想象的画面与明信片上的照片有什么区别呢？问题是，沙滩日落本就是有固定模式的图像，大多数人的想象也是如此。这一场景不管是源自个人经验，还是只是看了太多太平洋海岸的落日，这项任务都不太需要想象。大脑只是选择阻力最小的路径，然后重新激活已优化的神经元来加工此类场景。

如果构想一个我们从未经历过的场景，经验就会显得无能为力了，这时创造性的思维会成为主角。比如，想象冥王星上的日落，这确实是一个有难度的任务。因为没有人见过这样的场景，大脑必须创造新的神经通路。

上述两项想象任务都要涉及另一个重要的心理因素——注意。当想象带有细节的场景时，我们需要集合一定的心理能量，这就是我们常说的注意力。无论是心理学家还是认知科学家一直对注意保持着浓厚的兴趣，因为在人类的认知过程中，注意始终扮演了一个重要角色。我们觉得自己可以自由地支配自己的注意力，何时去注意，注意哪里，注意什么，似乎都由我们自己说了算。似乎注意力就是我们脑中的指挥棒，使繁忙的大脑神经网络可以井井有条地工作。但是现代神经生物科学对注意有了不同的认识，对知觉与想象的问题也有了新的发现。

人人都知道注意力是什么，但是对注意进行科学、系统地解释就是一件困难的事情了。为了能够使我们的思路更加清晰，我们可以根据时间长短把注意分成两种类型，持续性注意（sustained attention）与选择性注意（selective attention）。顾名思义，持续性注意的时程较长，与冲动、动机等因素紧密相关，后面我们将会继续讨论。选择性注意的过程比较短暂，而且指向细节。其实，詹姆斯所提到的注意就是选择性注意，正是因为选择性注意持续的时间短，它首先进入了研究者的视野。

在人类的认知过程中，细节信息只有通过选择性注意的作用才能真正进入我们的意识之中，正因为如此，注意可以改变知觉过程。注意似乎是一位格外飘渺的隐士，我们除了知道它存在于大脑之中，其余几乎一无所知。这样，找到它在大脑中的位置就成了研究者的首要工作。伦敦大学学院（University College London）的研究者就专门进行了一项实验，试图定位注意的功能区域。

> 在实验中，电脑屏幕上会呈现视觉线索，以引导被试的注意力朝向屏幕的左边或者右边。对比没有任何视觉线索呈现时被试的脑成像图片，研究者发现，在视觉线索下，即注意力集中状态下，被试大脑的额叶与顶叶的活跃性明显增强。

后续的研究发现，是否有外部视觉线索对注意的影响也是不同的。与呈现在电脑屏幕上的外部线索相比，来自个体的内部线索更加依靠额叶外侧的边缘区域，我们称为 DLPFC（dorsolateral prefrontal cortex）。

无论是受到外部还是内部的引导，顶叶都起到了至关重要的整合作用。让我们回顾一下，视觉皮质维系着在局域、基于格栅的系统中重现世界，这得益于该组织离视网膜最近。当我们沿空间通路和内容通路向大脑前部进发时，神经系统会切换到更广域的、基于对象的表征系统。信息到达额叶之际，表征还是非常抽象的，与视网膜格栅没什么相似可言。考虑到注意方面，问题马上就出现了，如果我们想要把注意力引向某处，就得知道往哪看。这时顶叶就开始发挥作用。顶叶是视觉皮质局部表征和额叶全局表征之间的媒介。有了顶叶，就能实现两者的无缝过渡。顶叶发挥职能时既可以自下向上，也可以自上向下。它能在额叶的指挥下增强视觉皮质的活动。

尽管我们知道注意增强视觉皮层活跃性的原理，但我们还是没能够找出其确切的运行机制。我们知道，大脑对信息的处理不依靠单一的神经细胞，所有的功能都通过神经元网络实现。对于不同的信息，神经元网络必须不断地进行重组。虽然这样最大限度地提高了效率，但却限制了神经元网络同时处理信息的能力。其实，想象就是来自于神经元网络的重组，有的时候内部线索可以促成其重组，但更多的时候，一个新鲜的外部刺激才是真正的导火索。

白人经理，黑人球员

1942 年，棒球队联盟执行长凯纳索·芒廷·兰迪斯（Kenesaw Mountain Landis）曾有过一段著名的论述："从来没有一条规定或者协议禁止球队雇用黑人球员，不管是正式的、非正式的，还是不成文的、秘密的，任何形式的都没有。"当然，我们知道这是彻头彻尾的谎言。当时绝大多数的棒球联盟球队都自觉不自觉地服从了隔离制度，将白人球员与黑人球员分开，即使多数白人球员都期待能够与黑人球员公平友好地同场竞技，而且许多球员已经在表演赛中这样做了。

现在我们走进布兰奇·里基（Branch Rickey）的故事。在卷入种族隔离争议的漩涡之前，里基与其他球队经理相比就显得有点格格不入了。也许美国中西部的文化赋予了他天生的道德使命感，最终成就了他传奇的职业生涯。里基在密歇根大学法学院就读期间，曾在学校棒球队的教练组工作，渐渐地他喜欢上了这项运动。对棒球的激情使他最终放弃了所学的专业，于1913年加入圣路易布朗队工作。圣路易布朗队被出售后，里基去了圣路易红雀队担任场地经理。在此期间里基进行了若干项技术革新工作，均已成为今天赛场上的标准。尽管他在技术改进方面颇具新意，但他真正的天赋在于管理与决策。1925年，他被提拔为红雀队总经理。

在红雀队期间，里基还发明了一套独特的训练与评价系统，即小联盟培育系统。球队的老板可以利用系统选拔球员，提拔水平达到标准的二线球员进入一线球队。那些水平不够一线球队的球员则会被投入转会市场，以换得利润。这样，里基使红雀队保持了相当长一段时间的繁荣，但他与球队老板的矛盾却越来越无法调和。1941年，里基选择了离开，布鲁克林道奇队总经理的职位正在等着他。

布鲁克林的球迷并不喜欢这位新来的总经理，1944年，道奇队排名下滑至第7位，球迷的愤怒终于爆发了，要求里基下课的呼声不绝于耳。面对这种局面，里基不得不做出大刀阔斧的改革，他不断把球队中受欢迎但年纪偏大的队员交易给其他球队，以补充年轻的新生力量。第二次世界大战的战火虽然没有蔓延到美国本土，但是由于政府的征兵，里基无法保证这些年轻球员能打满整个赛季。

战争促使里基改变了对黑人的看法。尽管后来他解释说“我实在无法相信，上帝的白色子民与黑色子民居然不能同场竞技”，但是，我们相信里基的动机也有经济方面的考虑。里基需要人才，而黑人联盟是最后的资源所在。历史学家朱尔斯·泰吉尔（Jules Tygiel）写道："里基清楚地意识到，首先签约黑人球员能帮助道奇队拿到联盟冠军。"也许不仅仅是拿到冠军，在体育新闻记者眼中，里基简直就是"圣雄"，他改变的不仅仅是体育界，美国社会也因此呈现出了不一样的景象。

在联盟中，所有的经理都知道一线联盟球队不能雇用黑人球员，这是不成文的规定。理由是这样会激怒球迷。在里基决定打破陈规的那一刻，他成了一名真正的艾客。从他来到布鲁克林那一年开始，里基就谋划着雇用黑人球员，他首先要做的是向球队老板渗透这样的理念。里基很幸运，一切都很顺利，时机也非常合适，对他来说最重要的是选择一个特别的黑人球员来担负起这个历史使命。当然，这名球员的技术必须是一流的，同时他还需要具有与白人球员友好相处的能力。此外，不管面对什么样的公众压力，他都要能坚持长时间、高水平的发挥。1945 年 5 月，里基的球探锁定了一名 26 岁的游击手，杰基·罗宾逊（Jackie Robinson）。他的故事我们将在后面的章节继续介绍。

几年以后，里基回忆说，"在圣路易，这种不公平的制度就在我心中留下了挥之不去的阴影，当时黑人甚至不能进入运动场的看台观看比赛。后来，虽然情况有所改观，但球场上还是不允许出现黑人球员的身影。来到布鲁克林以后，我向球队老板乔治·麦克劳克林（George McLaughlin）表达了我的看法，他非常赞同。"

尽管里基本来就有出色的管理天赋，但他却是由于罗宾逊事件而加入艾客的行列。在这里，我们看到了艾客如何把想象力付诸行动。确切地说，是战争改变了里基对于黑人球员的理解，并想象出他们为道奇队打球的可能性。诚然，对于冠军的渴望驱使里基铤而走险，但中西部土地对他的养育似乎也早早在他脑中植下了种族融合的种子。

规则是用来打破的

求贤的渴望与战争的催化帮助里基解开了知觉系统中隔离制度的枷锁，并想出了解决问题的方法。

像艾客那样思考

知觉、洞察力与想象力的关系已经超越了基础心理学以往讨论的范畴。让我们回顾一下神经科学的观点：知觉与想象来自大脑中同一个神经网络，从信息流动的方向来说，想象是知觉的逆过程。知觉受限于分类机制，而分类机制的形成依赖于经验知识，所以经验塑造了知觉和想象。

想像艾客一样思考，就要打破经验与分类机制的循环，我们越是希望想出新奇的思路，越是跳不出定势思维的怪圈。一个有效的办法是向大脑提供大量崭新的信息。只有这样，我们的大脑才不得不放弃效率原则，重新组织神经元网络。

聚合酶链式反应（PCR）是近 30 年来科学领域最重要的发现之一，已经成为基因检测的基础技术，目前广泛应用于基因识别、犯罪现场调查、亲子鉴定、遗传疾病及癌症的检测等领域。同时，克隆技术与生物工程制品也都是以 PCR 为基础发展出来的。

凯利·穆利斯（Kary Mullis）最先发明了PCR技术，他也因此在1993年获得了诺贝尔奖。有意思的是，穆利斯并不是在实验室中获得发明PCR的灵感，这一切发生在1983年，他沿北加利福尼亚海岸驾车回家的途中。

穆利斯是一名化学家，在希得斯公司（Cetus Corporation）主持与DNA相关的实验研究。DNA由4种核苷酸组成，所有核苷酸形成两条链并呈螺旋结构。链条上核苷酸的排列顺序就是我们所熟知的基因编码，它能产生构成组织的蛋白质。人类体内的DNA数量非常的少，很难将它进行纯化与研究，在20世纪80年代，这是困扰整个学术界的难题。

希得斯公司与其他生物科技公司发展了人工合成DNA技术，但只能达到10个碱基对的长度，即寡聚核苷酸（Oligonucleotide），这与人类的基因组相比是微不足道的。传统观点认为我们根本无法人工合成足够长的核苷酸链。希得斯公司虽然已经可以熟练地制作寡聚核苷酸，但由于其长度不够，远远达不到要求。此时穆利斯的注意力转向了天然DNA链的变性（denature）处理。基因由两条核苷酸链组成，当温度达到95摄氏度时，两条链就会自动分开；当温度下降，两条链又会回到一起。穆利斯开始利用电脑控制核苷酸链的分分合合，并且意识到这一过程可以实现自动化。

突破性的想法并不是诞生在希得斯的实验里，而是当穆利斯驾车行驶在北加利福尼亚的海边公路时，突然跃入他脑海的。

> 那天晚上我驾车穿过加利福尼亚海边的山脉，那时七叶树已经开花了，空气有点湿，充满了浓郁的花香。这时，我突然

有了一个想法，把DNA样本与寡聚核苷酸混合，然后加入聚合酶。对这个混合物加热，这样就可以得到DNA样本的基因序列。冷却后加入新的寡聚核甘酸，再次重复这个过程，就可以得到更多的DNA序列。对，就是这样做。我有点欣喜若狂，在高速公路上就把车停了下来，在车里找到了笔和纸，把我的想法完整地记录下来。

回到了实验室，穆利斯马上着手进行实验，6个月以后，他终于成功了，并用成果驳斥了其他生化学家“人工合成DNA不可能”的论断。

这个故事最有趣的地方在于，穆利斯是如何得到这个关键的想法的。拼图的所有小碎片都已准备就绪好几年了，而在本质上他并没有发现新方法，只不过是找到了把几种现有技术融合到一起的办法，从而进入了更深层次的领域。

改变知觉过程的线索

现在我们已经知道，换眼看世界需要新鲜的视觉信息，这个方法对于想象同样有效。

为了节省能量，人类的大脑不得不遵从效率原则，这样它显得格外的懒惰，经验成为其解决问题的捷径。捷径虽然节省能量，但是却让知觉受到了经验的限制。你如何给事物分类，就决定你看到了什么。想象来自于知觉过程，那么想象也就不可避免地受到分类机制的限制，变得难以换角度思考。

受到生存与发展的影响，人类大脑把效率原则运用到了极致，几乎所有的资源都被有效利用起来。特别是在熟悉的环境下，这套规则更加如鱼得水。正因如此，穆利斯在实验室中冥思苦想也得不到任何结果。但是当新奇的信息出现时，大脑无法继续懒惰下去，必须打起精神重新组织知觉过程。所以当穆利斯开车的时候，一个神奇的想法却跳了出来。同样，迪士尼在看到投影的图片以后，才会想到拍摄动画电影，南丁格尔也是因为战争的环境才被激发出想象，找到了士兵不断死亡的真正原因。

值得我们庆幸的是，同时掌控着知觉与想象的神经网络，是可以重新调整组织方式的。控制决策过程的额叶可以对内容通路上的神经网络进行重组，通过调整注意的焦点我们就可以看到不一样的世界。但是这在一成不变的环境中很难做到。

规则是用来打破的

唯有新鲜的刺激才能唤醒知觉和想象的重组过程。个体所获得的信息越是不寻常，那么获得新想法的可能性就越大。总之，如果希望像艾客那样去思考问题，我们就需要新的环境、新的经验。

正如上一章所探讨的，要想唤起想象力，最稳妥的办法是用知觉系统去面对之前未见过的人、地点和事物。分类机制则是想象的杀手，只有努力找寻自己没有经历过的环境才能将其化解。至于具体是什么样的环境，可能与个人的专业领域没什么关系，这一点无关紧要。因为大脑执行知觉与想象时用的是相同的系统，它们会相互作用。

对于艾客而言，新奇的体验，尤其是诸如换一个生活环境的重大变化，在发挥想象方面起着主要作用。新奇经验能高效激发想象是因为它们会扼制知觉系统的分类机制，而真正的关键正是分类机制。大脑习惯通过分类来走捷径，这就意味着艾客在使用分类机制时要保持警惕。

与分类机制做斗争最有效的办法就是坦然面对。当大脑在对某人或者某想法分类时，我们可以将它记录下来。用一些简单的词语描述你的想法。使用类比的方法，即使你会回到自己熟悉的东西上。同时，不要拒绝任何直觉感受，无论它们看上去多么不可思议，甚至愚蠢，将它们一一记录下来。

规则是用来打破的

我们只有清晰地意识到自己的大脑有多么依赖分类机制，才有可能冲破思维的边界。

第三部分

Iconoclast

直面恐惧的勇气：出色的艾客

04 Iconoclast
成功压制对未知的恐惧——恐惧vs创新

艾客代言人

- **杰基·罗宾逊**　　第一个被白人经理雇用的黑人棒球球员
- **娜塔莉·麦恩斯**　　以布什总统为耻的乡村音乐家
- **吉姆·拉沃伊**　　消除员工恐惧，启发员工创意的CEO

多年来我学会一点：当一个人已经下定了决心，那么就没有什么是可怕的了；使命感会驱走恐惧。

罗莎·帕克斯[①]
Rosa Parks

① 罗莎·帕克斯（1913—2005），非裔美国人，被尊为美国“民权之母”。1955年，她因拒绝在公交车上为白人让座被捕，此事掀起轰轰烈烈的反种族隔离运动。——译者注

如果说布兰奇·里基因为雇用罗宾逊而成为声名显赫的艾客，那么罗宾逊本人也应该是一名不折不扣的艾客，因为他具有接受挑战的勇气。罗宾逊于1919年出生于开罗，他的祖父是一名黑奴。罗宾逊出生后不久父亲就离开了，母亲不得不独自支撑起整个家庭。后来母亲带着他搬到了加利福尼亚的帕萨迪娜（Pasadena）。虽然罗宾逊在这样一个文化融合的环境中长大，但他还是很小就感觉到了种族歧视给黑人带来的痛苦，但他并未因此感到恐惧。

罗宾逊天生就是一个运动天才，他因此还获得了加州大学洛杉矶分校的奖学金。但是罗宾逊不羁的性格使他显得与这里格格不入，运动场上冒出的脏话也被人诟病。仅仅两年以后，罗宾逊离开了学校，因为他觉得“无论受多少教育都不能让黑人找到工作”。珍珠港事件后，罗宾逊参军了，但是在那里他过得更加艰难。他对黑人士兵受到的不公平待遇从来都是直言不讳，尤其是巴士上的座位安排问题。罗宾逊最终被送上了军事法庭，虽然后来被无罪释放，但依旧谋生无门。最终，他选择加入黑人棒球联盟。

罗宾逊知道里基的动机并不是完全无私的，他渴望的是冠军。虽然里基做出了大胆的决定，但真正的压力都需要由罗宾逊一个人来承担。罗宾逊渴望为黑人正名，他想让世人知道黑人有能力在一线球队打球，最起码球队的老板应该知道这点。有勇气挑战如此盛行的偏见，罗宾逊绝对当得起“艾客”之名。

1947 年开赛的第一天，对罗宾逊来说是一个艰难的开始。他不得不忍受费城人队（Philadelphia Phillies）球员没完没了的挑衅。罗宾逊后来回忆说，“人生有许多不快乐的日子，但是那一天是最让我濒临崩溃的。”他几乎就要开始怀疑自己的能力了，甚至幻想自己猛砸费城人队长椅的场景。

很快罗宾逊就坚定了信念。**大概在每一个艾客的记忆中，都有那么一个璀璨的时刻，使他们一下子改变了对世界的认识。**对罗宾逊而言，这一刻就是他望向里基的时候，他意识到“里基在十字路口做出了一个孤独的决定。现在我也走到了十字路口，我要做出自己的选择，我选择留下来”。

这仅仅是一个开始，接下来罗宾逊面对的难题还有很多。球队下榻的酒店拒绝罗宾逊入住，他甚至还接到了恐吓信，但这都没能打消罗宾逊的决心。罗宾逊的队友给予了他最有力的支持。这并不是因为罗宾逊是黑人队友，而是因为罗宾逊作为球队的核心球员，帮助布鲁克林道奇队夺得了当年的冠军。罗宾逊卓越的球技同样也征服了球迷。“我的拉拉队主要是黑人和年轻人，但是还有许多其他肤色和信仰的人也为我加油。他们遍布全国全地，并不在乎我的种族。”

那么罗宾逊为什么能够如此勇敢？他是如何成功克服对未知、对伤害、对社会压力的恐惧的？这就是艾客大脑必需处理好的第二个关键因素：**恐惧反应**。

恐惧乃压力之源

没有人喜欢恐惧的感觉。恐惧来袭，我们的身体就会完全处于压力之中。引起恐惧情绪的线索因人而异，但我们的身体反应却出奇的一致：血压上升，心跳加快，口干舌燥，汗腺也在不知不觉中加快了分泌。也许手指还会颤抖，还有点语无伦次。有时身体会努力把血压降下来，结果却让我们头晕眼花。

尽管压力反应的出现总是不合时宜，但它确实是人类进化史的一部分。试想人类的祖先需要时刻警惕被猛兽吃掉的危险，同类之间还要争夺有限的食物以及繁衍的权利。人类的进化过程充满了压力。

但是现在我们面对的压力已经完全不同了。虽然我们不需要为了躲避剑齿虎而提心吊胆，但我们的压力却一点也没有减少。经过漫长的进化，人类创造了迄今为止最为复杂的社会与文化系统，但是我们依旧背负着百万年的进化负担。我们的压力反应系统并不是在今天的社会环境中进化出来的。由于压力反应系统的重要性和活跃程度，它可以完全无视大脑中其他神经系统的工作。压力反应系统并不是人类理智的产物，但它就是这样活跃，一触即发，引起的反应非常强烈，足以让最有创新精神的人手忙脚乱。**征服压力反应系统是我们必须跨越的一道障碍，也是成为一名艾客的第二大重要因素。**

我们首先来了解一下压力反应系统。人类的压力反应系统由两部分组成：神经系统与内分泌系统（hormonal system）。压力的神经系统受控于自主神经系统（autonomic nervous system）。自主神经系统又可以分成两个子系统，交感神经系（sympathetic system）与副交感神经系（parasympathetic system）。交感神经系在压力之下被激活，副交感神经系则在压力之下关闭，它们把大脑与身体的组织器官连接起来，但它们又不完全在大脑的支配之下工作，自主神经系统完全可以独立运行。比如，你可能会感觉到自己肠胃不舒服，如果自主神经系统决定让消化道“开闸排污”，那大脑也阻止不了。

自主神经系统网络分布于人体，其运行独立于我们熟知的中枢神经系统。交感神经系的网络遍布全身，我们可以在胸、腹、骨盆等各处找到它的神经细胞，甚至是唾液腺也有交感神经细胞的存在。交感神经系的细胞分布并不规则，就像一个破乱的蜘蛛网，但几乎无处不在。我们在紧张状态下的口干舌燥，兴奋状态下的瞳孔放大，都是交感神经系工作的结果，甚至人类的性高潮也离不开它的参与。

自主神经系统的另一半是副交感神经系，它与交感神经系同样重要，但我们经常忽略它的存在。副交感神经系能够使人从兴奋状态中平复下来。可以说它与交感神经系的功能完全相反，却相得益彰。副交感神经系可以降低心跳速率、刺激唾液腺分泌唾液、加快消化系统的工作速度，还控制着人类的性冲动。

可能读者已经想到了，正是交感神经系为我们出了很多难题，成为我们迈入艾客行列的一道巨大障碍。交感神经系引起的身体压力反应可以帮助我们逃离猛兽的追捕，与同类竞争食物等。但这属于原始的身体机能，与创造、革新没有任何关系。但交感神经系的作用对于其他系统来说却是压倒性的，以至于我们来不及思考应该如何应对，它就开始支配各个组织器官工作了。

压力反应系统的第二个组成部分就是内分泌系统。神经系统通过神经递质控制组织器官，内分泌系统则依靠激素引起个体的生理反应，但神经递质与激素的工作方式并不相同。神经递质由神经末梢释放进入目标组织，激素则进入血液循环系统。因为血液循环系统遍布全身，激素的影响与神经递质相比也就更加广泛。另外，由于激素需要依靠血液循环系统进入各组织器官，所需周期较长，引起的生理反应往往要滞后几分钟，甚至是几小时，而神经系统所引发的反应几乎是即时的。

虽然人类体内的激素种类繁多，但与压力反应系统相关并起到重要作用的只有一种——皮质醇（cortisol）。皮质醇是类固醇的一种，其化学成分与氢化可的松（hydrocortisone）相同，药店里卖的止痒膏的主要成分其实就是氢化可的松。皮质醇是从肾上腺皮质中分泌出来的，通过下丘脑的调控进行工作。当个体处在压力之下，下丘脑就会释放一种化学物质，该物质会刺激距下丘脑只有 2.5 厘米的脑垂体分泌另一种促肾上腺皮质激素（ACTH）。ACTH 通过血液循环系统到达肾上腺，调节皮质醇的分泌。

激素对压力的调节虽然并不算迅速，但对人类却是极为重要的。面对各种各样的压力，人体不仅需要神经递质快速发挥作用，同样也需要激素细致入微、长期有效的调节。对于那些长期挥之不去的慢性压力，激素发挥了重要作用。激素能指挥身体器官改变各自的物理状况，压力迟迟不去时尤其如此。对于导致慢性压力的因素，如身体伤害或饥饿，它们会要求身体转移资源以修复伤口或是应对持续的营养不良。在这一点上，人类的身体真可谓能屈能伸。为了应对祖先们几千年前就已遭遇的压力，我们的身体已进化得很完善了。

现代的压力与古代还有所不同。导致我们压力系统激活的可能并不是身体上的伤害。今天，对于大多数人而言，主要的压力还是源自社会方面。现代人类承受了更多来源于社会因素的慢性压力，如夫妇间的争吵、同事间的竞争、与上司的不睦等，这些看似不起眼的小事会给我们的身体带来额外的损耗，如果不能及时处理，就可能导致各种各样的慢性病，比如我们今天经常见到的心脏病、高血压、糖尿病等。

人类的大脑对于压力并不是免疫的，它的主要工作就是要觉察危险并激活交感神经系。在接受端，大脑会进行自我重建以应对压力。重建的某些方面发生于神经元层面，是通过简单的学习机制完成的，还有些需要在激素的作用下完成，如皮质醇。这些身体变化可能会对行为产生广泛的影响。例如，持续的压力可导致大脑中负责决策、甚至创造性思维的关键部位发生变化。

化恐惧为荣耀

最了解压力反应的莫过于那些生命受到威胁的人。历史一次次向我们展现了罗宾逊之类艾客所承受的压力。我们总是想那都是过去才有的事儿，但实际情况却并非如此。有时，一名艾客的诞生可能纯粹出于偶然。南方小鸡（Dixie Chicks）[①]的主唱娜塔莉·麦恩斯（Natalie Maines）就是这方面的一个例子。

2003年3月，南方小鸡在伦敦举办了演唱会，当被问到对于当时美国总统乔治·布什的看法时，麦恩斯不假思索地脱口而出："他简直就是得克萨斯州的耻辱。"舆论一片哗然，因为当时美国正准备发动伊拉克战争，布什总统的支持者情绪高涨。更糟糕的是，在美国，乡村音乐总是和爱国主义联系在一起，南方小鸡的歌迷实在无法接受麦恩斯的这种观点。不管是有意还是无意，麦恩斯和南方小鸡都成了艾客，因为她们站到了传统的对立面，在人们心目中乡村音乐就意味着铁杆爱国主义。她们曾是乡村音乐领域大红大紫的人物，一夜之间却成了众矢之的。

公众大肆销毁南方小鸡的唱片以示抗议，那段日子对乐队成员来说可以用"恐怖"两个字形容。乐队的吉他手埃米莉·罗比森（Emily Robison）回忆说："当时有一辆电台的面包车行驶在高速公路上，被另一辆汽车追上，他们用枪指着车里的人，仅仅因为电台的汽车上贴了我们的宣传画。"

麦恩斯的情况就更糟了，她甚至受到了死亡的威胁。有人直截

① 南方小鸡是一个美国乡村音乐组合，成立于1989年。她们以个性的服饰装束和不随大流的观点而著称。——译者注

了当地通知她，她将会在达拉斯的演唱会中被枪杀。警方不得不对麦恩斯实施 24 小时的保护，后来还扩展到她的家人。麦恩斯这样评价那些保守派的媒体："如果不顺从他们的观念，就会被贴上恐怖分子的标签，并被斥责为没有家庭观念。"

三年以后，美国民众对于伊拉克战争的态度发生了巨大变化，越来越多的人呼吁从伊拉克撤兵。不过南方小鸡与乡村音乐界的关系依然很坏。她们的新单曲《还没准备好》（*Not Ready to Make Nice*）在美国最权威的音乐排行榜上表现很差。但与此同时，这首歌却是当时 iTunes 商店的下载冠军。麦恩斯明白为什么那些电台不肯播放南方小鸡的歌，她说："电台知道播放我们的歌会遭到歌迷激烈的抵抗，他们害怕丢了饭碗，他们投降了。"

与罗宾逊相同，面对千夫所指，麦恩斯并没有选择妥协，无论外界的压力有多么的大，她都坚持自己的看法，绝不屈服。大多数人可能会屈服于那种压力，而麦恩斯却学会了欣然接受自己现在的公众形象。麦恩斯认为，"我有责任这样做，责任感是我强大的精神支持。不过，这确实是一个艰苦的过程，简直就像一场战争。"

面对压力，艾客都选择了同一种方法来战胜恐惧——转化负性情绪。罗宾逊把恐惧变成愤怒的力量，麦恩斯则把恐惧变成了无限的荣耀。我们知道恐惧的力量非常强大，它不仅令我们胆战心惊，更会令我们丧失行动力。艾客却能成功地驯服这种力量，在此过程之中，大脑皮层的额叶起到了关键作用。但是在我们详细了解该过程之前，我们首先需要寻找大脑产生恐惧情绪的根源。

条件性恐惧

在开启本节内容之前，我们首先回顾一下俄罗斯心理学家巴甫洛夫经典的条件反射实验。条件反射恐怕是最简单的学习过程了，我们需要一个中性刺激与一个能够引起个体生理反应的刺激配对。中性刺激我们称为条件刺激，本身不能引起个体的生理反应，在巴甫洛夫的实验中就是铃声。能够引起个体生理反应的刺激是非条件刺激，在经典条件反射实验中就是食物。把条件刺激与非条件刺激配对，就可以使个体对非条件刺激产生反应。在巴甫洛夫的实验中，非条件刺激是食物，这对动物来说非常有吸引力了，不过非条件刺激不一定是正性刺激，如果换成电击、噪声等负性刺激，同样可以形成条件反射。目前，行为疗法就是充分利用了负性刺激形成的条件反射，帮助患者进行治疗，戒烟就是这种方法的典型应用。

讲到条件性恐惧，我们不得不介绍杏仁核（amygdala），它实际控制着条件性恐惧的全部过程。杏仁核位于前颞叶背内侧部，海马体和侧脑室下角顶端稍前处，大小、形状就像一枚杏仁。杏仁核主要负责产生与情绪相关的脑活动。大量实验表明，杏仁核是恐惧情绪与自主神经系统连接的纽带。

不仅如此，杏仁核还会影响大脑皮层不同区域的工作，其中就包括知觉过程。20世纪70年代，神经科学家通过实验发现杏仁核可以调节听觉皮层的神经细胞。在实验中，研究者对动物播放不同频率的声音信号，并记录动物听觉神经细胞的放电情况，从而找到使听觉神经细胞最兴奋的声音频率。然后，研究者选择那些非动物最敏感的频率，继续放给动物听，同时配以电击。经过一段时间，研究者发现，动物脑内的听觉神经细胞改变了原来的放电规律，开始对这些同时配以电击的声音频率显得兴奋。这种改变至少可以持续几个星期。这个实验向我们展示了条件性恐惧的强大力量，它可以直接影响大脑的知觉过程。

虽然通过配对条件刺激与非条件刺激，个体可以对非条件刺激产生反应，但如果长时间单独呈现条件刺激而去除非条件刺激，那么个体的条件反射现象就会逐渐消失，我们把这个过程称为痕迹消退。一直以来，学术界相信非条件刺激与个体反应之间的联结是可以逐渐淡化甚至消失的。但是，越来越多的证据表明，虽然表面上联结痕迹变弱了，实际上联结只是被抑制了，并没有真正意义上消失。这就意味着，一旦出现相关的刺激，哪怕只有很轻微的程度，条件性恐惧还会卷土重来。痕迹消退的过程主要由额叶控制。虽然杏仁核控制了条件性恐惧的表达,但最终为情绪“把关”的还是额叶。如果额叶遭到破坏或者全力投入于其他认知任务，杏仁核的闸门就会敞开，从而再次引发条件性恐惧。

虽然有句名言说时间可以治愈一切伤口，可对于大脑来说，条件性恐惧的伤痕是永远无法痊愈的。

恐惧失败的破坏力

对社会压力的恐惧可以摧毁个体的创造力，对失败的恐惧具有相同的破坏力。这两种不同类型的恐惧情绪，不但可以影响个体，还能够决定一个组织机构的成败。国际联合电脑公司（Computer Associates，CA）就是一个生动的案例。

王嘉廉（Charles Wang）出生在上海，8岁时跟随父母移民到了美国。1976年，王嘉廉建立了国际联合电脑公司，通过闯劲十足的管理方式，公司进入了高速成长阶段。CA公司疯狂地并购其他小型电脑公司及竞争对手，王嘉廉不断扩大着市场份额。对于被收购公司的员工，王嘉廉强硬地要求他们接受新的降薪合同，否则就会被解雇。王嘉廉促成了至少50起这样的收购。

CA疯狂的收购策略使公司的业绩连创新高，1989年达到10亿美元的年销售额，就连华尔街也不得不承认CA的崛起简直就是奇迹。王嘉廉对公司的管理采用了家族企业的模式，他很少用电子邮件或者书面文件的方式与公司的员工进行交流。CA前雇员说，公司的管理是建立在恐惧与恫吓之上的。

王嘉廉与公司CEO桑贾·库马尔（Sanjay Kumar）在销售任务指标上的要求异常严格，使员工感到巨大的压力。在这种恐惧情绪的笼罩之下，CA的员工不可思议地迅速推升了销售额。虽然公司业绩节节攀升，但这几乎全部来自于公司的对外销售扩张，企业内部几乎没有创新。为了能够充分实现销售拉动企业前进的模式，王嘉廉在这方面没少动脑筋。CA经常用长期合同锁住客户，这样就可以在合同后期采用已经过时的设备和软件。CA的会计核算手段也大有问题，最臭名昭著的就是35天一月制，这样月末之后的销售额总是能够重新计算。

尽管CA在行业中风生水起，但其不光彩的会计制度还是被投资者诉诸法律。2006年库玛因诈骗罪被判入狱，王嘉廉在2002年就辞职退出了董事会。但王嘉廉塑造的企业文化却给股东们留下了深刻的印象：

> 王嘉廉创造的恐怖文化给公司带来了更多的伤害，这使得所有层面的员工都敢怒不敢言。王嘉廉在进行人事决定时武断专行，常常草率地解雇员工。这种文化的结果使公司死气沉沉，普通员工和中高层领导都感到很压抑。据一位当事人讲，联合电脑公司的员工总是感觉“如坐针毡”。特别起诉委员会（SLC）认为，正是这种文化滋生了35天一月制。事实证明，这种氛围对联合电脑公司是极其有害的，因为王嘉廉会不惜一切代价来避免华尔街的不良评估。

联合电脑公司就是一个很好的例子，向我们展示了创新性思维如何被恐惧和恫吓所扼制。而对完不成预期收入的担心也扭曲了王嘉廉和库玛的决策。尽管这算得上一种管理公司的方法，但恐惧一旦盛行，那么创新性思维就一定没了立足之地。这样的公司只能通过收购他人的创新才能获得发展。

消除恐惧，启发创意

60多岁的吉姆·拉沃伊（Jim Lavoie）是莱特（Rite-Solutions，简称RS）公司的CEO。这家公司位于美国罗得岛州新港（Newport），致力于开发潜艇与直升机的控制与视觉系统。乔·马里诺（Joe Marino）是拉沃伊的老朋友，同时也是RS公司的联合创始人，并担任公司主席一职。马里诺和拉沃伊合力在公司营造出一种鼓励趣味和创新的氛围。拉沃伊为人随和、精力充沛、极富热情，其人格魅力使他做起维护关系、筹措资金方面的工作很得心应手。而马里诺则严肃认真，讲究实事求是，他懂得如何控制公司的运营，并为员工受益于他们所创造的公司文化感到欣慰。他得意地说，RS 员工的年流失率只有 2%，这在软件行业简直闻所未闻，因为整个行业的一般数据是 10%~20%。RS 不是一家大公司（约有 150 名员工），却因创新能力而广受关注。拉沃伊与马里诺并称不上艾客，但是他们却积极挖掘公司内部的创新思维，努力尝试“孵化”潜在的艾客。他们与 CA 走了完全不同的两条路。

拉沃伊说，“实际上绝大部分公司都有一种漏斗机制，所有的想法你都可以提，然后我们会用漏斗过滤成一两个。在我以前的公司，如果你有一个好点子，我们会说，‘好吧，我们会安排你在董事会面前讲一讲，’因为董事会的工作就是要确保公司不冒险。他们干的活儿就是枪毙创意。”

马里诺解释了其中的原委。“假设有个技术人员有了一个好主意，当然他会被问到他所不知道的问题，比如说，‘市场有多大？你有什么营销手段？你有什么商业计划？这东西的成本是多少？’尴尬的事情发生了，大多数技术人员回答不出这样的问题。能通过董事会的并不是那些想法最好的人，而是最好的演示者。”

拉沃伊坦言，“如果你了解其中的游戏规则，你就能通过漏斗。你要下足功夫。要想打动执行副总裁不能靠聪明，要靠矫情。你要有热情，你可以装出热情洋溢的样子。这样更好的创意就会被毙掉，因为他们不会作秀。”

他们鼓励创新、甚至叛逆的方法是创意市场。每个员工上班的第一天就会得到 10 000 美元的原始资本。这笔钱可用于投资公司内部的创意股票市场。这个市场就是虚拟的股票市场，但它也有些独特之处，以方便创意的演进。员工登录市场后就可以查看“展望”，即创意的简要描述。那个创意可能很简单，比如开发一条计算机代码来执行某种新的视觉化功能。如果其他员工喜欢这个创意，他就可以把自己的资本投一些到该创意上。

一项投资可以通过下面的两个市场指数实现增值。为了拉升某个创意，其他人不得不在市场内对其进行点评，研究如何改善它。这就是所谓的“利息”。拉沃伊与马里诺根据某个创意的评论数来分配利益额。他们使这个市场架构决定了利息能达到原始资本的两倍。为了实现获利，员工必须投入时间来研究创意。这就是所谓的投资阶段，也是整个环节中最有价值的部分，因为它能促使创意从蓝图变成现实。这个机制一点儿都不复杂，就像一个员工说的那样，“需要做的工作就这些，我愿意投入两个小时。”

为什么有人愿意把自己的时间花在与份内工作没有直接联系的创意上？马里诺认为这与信任有关。“每周的第一天，我们都让员工看看别人在做的创意。很少有公司这么做。”另一个原因是，这个市场有助于大家创造自己的工作。“如果创意成功，那么首创者不但可以获得物质利益，而且也将负责该项技术。”拉沃伊如是说。那笔津贴颇为可观，若是大家都青睐的热门技术就更是如此了。

拉沃伊与马里诺想出的这个办法称得上新颖，使员工打消了社交恐惧，也因此避免了因恐惧导致的创新夭折。但实际上，这个市场并不能彻底消除个体向公众分享创意时的恐惧情绪，但这样大家就不用学作秀了。创意市场另一个预料之外的好处是透明性。有了这个市场，公司里的每个人都清楚别人在研究什么，因此它也为员工提供了更广阔的蓝图，使他们得以考虑如何使自己的研究融入公司的整体发展。拉沃伊与马里诺没打算靠创意市场解决组织的保密问题，但事实证明，这个市场有助于缓解妨碍创新的另一种恐惧：对未知的恐惧。

对未知的恐惧

尽管对未知的恐惧与对失败的恐惧属于两种不同类型的恐惧症，但是它们都要受到杏仁核的控制。这对我们来说是一个好消息，因为这意味着两种恐惧情绪共用一个功能结构，而我们对杏仁核的研究也积累了一定的经验，许多新问题会迎刃而解。

对未知的恐惧，或者说对模糊性的恐惧，完全不同于我们前面介绍的恐惧症。它既不是一个客观的电击动作，也不是公众批评或上司责问带来的精神伤害。模糊性是由信息缺乏造成的。它笼罩着我们的心理世界，就像地平线上的一片乌云。大脑不停地尝试着去预测下一步会发生什么，一旦无法预测，不祥的预兆就此滋生。有些人比其他人更擅长处理模糊性，不过一旦这种恐惧感浮出水面，所有人都会有相同的感受。

我们很想知道未知恐惧是如何抑制人类行为的，神经经济学研究中的埃尔斯伯格悖论（Ellsberg paradox）就为我们提供了解决该问题的一些线索。

你面前有两个不透明的壶（见图 4—1），你无法看到壶里面的东西。已知左边的壶里有 10 个黑色球与 10 个白色球，右边的壶里同样有 20 个球，但是黑白比例并不清楚。现在给你一次机会，如果能够成功从壶里取出一个黑球，你就可以得到 100 美元。那么你会选择从哪个壶里取球呢？

图 4—1　埃尔斯伯格悖论

接下来，还是只有一次机会，但这次要求取白球，你又会选择哪个壶？

绝大多数人会选择左边的壶，因为我们知道这个壶中黑球与白球的比例。然后悖论就出现了：如果你选择了左边的壶，也就意味着你认为从左边的壶中取球获胜的概率会大一些。如果我们在取黑球时选择了左边的壶，从逻辑上推导，我们会认为黑球在右边的壶中出现的概率小，也就是说白球在右边的壶出现的概率大。而事实上，当取白球时，绝大多数人仍然选择了左边的壶。因为，右边的壶的不确定性使我们望而却步，我们对这种模糊性有一种天然的恐惧性。

2005 年，加利福尼亚理工学院的研究人员对埃尔斯伯格悖论进行了神经成像实验，试图从神经生物学角度解释为什么我们天生会回避不确定的事物。在实验中，被试需要完成一系列基于埃尔斯伯格悖论的任务，同时研究人员通过 MRI 记录被试的大脑活动情况。他们发现，个体在这种模糊性恐惧之下，大脑皮层有两个区域异常活跃。一个是眼窝前额皮质区（orbitofrontal cortex），另一个区域就是杏仁核。

驯服杏仁核

杏仁核总是躁动不安，而且记忆力特别好。一旦它参与了不愉快记忆的编码，我们就很难将之遗忘。而且这些我们不愿想起的信息经常会在不适当的时候出现。更要命的是，杏仁核还会参与创伤记忆的"闪回"。尽管如此，我们尚未彻底失败，有两种方法可以控制杏仁核的负面影响。第一种是前摄性的，限制大脑为不愉快的信息形成神经联结进入记忆；第二种是后摄性的，即坦然承认不愉快的信息不可避免，但也不必为此气馁，丧失斗志。

对绝大多数人来说，阻碍他们成为艾客的各种恐惧症其实很早就已播下了种子。尽管杏仁核这样的关键结构控制着这些恐惧反应，但是这些引起恐惧的经验在人类的儿童和青少年时期就已经形成，并伴随着我们共同成长直至成年。

在美国大约有 30% 的人惧怕在公开场合发言，这是最常见的一种恐惧症。这种恐惧是后天获得的，其神经机制与我们前面介绍的经典条件反射实验没有任何区别。如果一定要找到其中的差别，那就是刺激物不同，一个是纯粹的物理电击，另一个是社交窘境带来的精神伤害。这种条件反射通常形成于人类的童年，儿童被要求在家长、老师、同学面前表现自己。从孩子的角度来看，他们正处在极端的不确定性之中。他们正在学习的知识是大人们人人都会、唯有他们一无所知的。他们表现得到的反馈直接决定了日后对公开发言是喜欢还是恐惧。恐惧的条件反射并不需要多少负面的结果就能建立起来。而且这种恐惧永远不会真正散去，而是深深隐藏在额叶皮质中，使这种恐惧症近似“本能”。

对于我们来说，彻底避免恐惧反应几乎是不可能的，比较可行的方法应该是先找到可能会激活杏仁核的情况，然后利用前额叶将其抑制。拉沃伊与马里奥的完美市场就是一例。他们找到了阻碍人们分享创意的关键因素：害怕、想法被“毙掉”。完美市场为我们提供了一个非常新颖的解决方法：尽可能地去除社交活动，为那些羞涩的人提供一个舒服的环境，在这种环境下即便向公众讲述不成熟的想法也不会使他们感到紧张焦虑。虽然他们的创意市场还要依赖于员工的投入，但因为是虚拟空间，所以在一定程度上降低了社交压力。

在人们把大部分时间都花在电脑前的工作环境中，这种办法尤其管用。正如拉沃伊与马里诺意识到的，大多数员工都感觉即时聊天软件比走廊里的面对面说话更令人容易接受。当然，创意市场也存在缺点，其虚拟本质使得这一过程显得有些不痛不痒，而且人情味也不够。

简单的心理学技巧同样可以帮助我们控制杏仁核。我们知道杏仁核有负责输入与输出的工作平台，杏仁核的侧面是输入平台，负责将环境线索与不愉快的事件联结起来，不过杏仁核的中心部分才是负责激活压力反应的。尽管我们无法避免条件性恐惧，但是在输出端，即对恐惧的表达，是可能抑制的，认知再评估（cognitive reappraisal）策略就可以控制恐惧的输出端。认知再评估需要我们对情绪信息做出新的诠释。比如看到教堂外痛哭的女人，我们常规的想法是有人去世了。但是，正如我们在前边谈到的那样，知觉是模糊的，我们也可以认为这个女人喜极而泣，就像我们经常在婚礼上看到的那样。

越来越多的神经生理学证据也表明认知再评估的策略是有效的，通过这种方法能够提升前额叶皮质的激活水平，从而达到抑制杏仁核的目的。有学者通过核磁共振成像研究发现，那些成功进行认知再评估的人，即把负刺激转变成正刺激的人，他们前额叶皮质的左侧活跃性增强了而杏仁核的激活水平则有了相同程度的衰减。更强有力的证据来自于经典的条件反射实验，如果被试能够通过想象来减轻电击的痛苦，那么他的前额叶皮质左侧活跃水平会增强，而条件反射的联结会减弱。

认知再评估的方法对短期的紧张性刺激恐惧症非常有效，包括恐惧在公开场合发言等。但是个人很难独自使用此种方法达到治疗目的。咨询师或者同事、朋友都可以帮助我们进行认知再评估，具体做法并不复杂，只需请另一位立场客观、言辞中肯的人，将眼前的情况重新描述一番即可。

紧张性刺激恐惧症主要产生于大脑的知觉过程，而认知再评估方法就是通过直接参与知觉过程来抑制恐惧系统的激活。正像我们前面谈到的，恐惧情绪是通过不断的刺激强化学习到的，如果某个人不断地把在公众面前说话当成苦差事，那么大脑就会默认这种解释。若要消除这种知觉，他必须体验到导致压力反应的状况，但心情要愉快。再评估有助于缓解那种不愉快的情绪。有时为了加速清除不愉快的记忆，还需要采取更主动的措施。例如，公众演讲恐惧可通过练习来有效减轻。诸如演讲会（Toastmasters）之类的训练已一次次证明，任何恐惧，包括公众演讲恐惧，都可以通过练习来控制。

对未知的恐惧也可以通过认知再评估的方法来控制。埃尔斯伯格悖论的根源在于我们对模糊事物的恐惧，这与我们熟知的风险回避是完全不同的。风险回避是基于对已知的可能性或结果的价值判断，我们将在第 6 章详细探讨。对模糊性的害怕与回避则直接来自人类对未知的恐惧。很多研究已经表明，这种对未知的恐惧在动物界中也属于常见现象，可见人类出现这样的恐惧症是有根深蒂固的生物学基础的。但是这并不是说对未知的恐惧无法抑制，人类的前额叶皮质要远远大于其他任何动物，所以我们拥有更强大的脑力来战胜恐惧。

虽然我们对未知无可奈何，但可以通过有效的办法把模糊性转换成风险，这是认知再评估的另一种形式。比如在埃尔斯伯格悖论中，虽然我们不清楚右边的壶中黑白球的比例，但我们完全可以进行假设，不妨假设为同样是50%对50%。这实际上倒是磨炼一个人估计能力的机会。如果你选择的是右边的壶，那么你拿出的球会提供有关壶中内容的大量信息。例如，如果你拿出的是黑球，那么从壶中再拿出一个黑球的可能性就更大了。这就是所谓的贝叶斯更新（Bayesian updating），即运用新信息的统计处理来更新对概率的估计。这条原理问世已两百多年了，它在数学上很合理，但却很少被人用于日常的决策。大脑不是天生就能用贝叶斯的术语来思考的，但通过努力也不是办不到。对于两可情况，关键性再评价的目的就是要将其变成获取知识的机会。如果一个人有多个知识更新的机会，那么两可很快就会转变成风险判断。

规则是用来打破的

压力有时是不可避免的，没有压力的生活是不存在的，但压力也有好处，那就是能带来机会。

如果个体能把所有压力都再评价为发现新事物、找到市场定位的机会，那么压力自然就消退了。如果做不到这一点，那么把短期压力替换成长期压力也是很有效的策略。有趣的是，导致短期压力的身体锻炼却是对付长期压力的良方。类似的，如果一个人在工作场合受困于不确定性或社交压力，那么他可以尝试有明确结果的任务。虽然这么做短期内压力会提升，但工作一旦完成，所有的压力也就消失了。

今天我们对恐惧已经有了比较深刻的认识，最新的研究进展显示，认知策略对于控制恐惧情绪是极为有效的。这些认知策略产生于大脑皮层的前额叶，而前额叶正是我们控制杏仁核的有效区域。所以**我们大可不必为那些躲避不掉的尴尬环境而恐惧，虽然无法避免恐惧性刺激的输入，但大脑的理性部分却可以重新夺回对恐惧情绪的控制权。**

05 Iconoclast
避免压力下的错误行动——恐惧vs错误

艾客代言人

- ▶ **理查德·费曼** 挑战美国国家航空航天局的诺贝尔奖得主
- ▶ **马丁·路德·金** 用非暴力思想使民众战胜恐惧的人权运动领袖

软弱的人总是害怕变化。只有维持现状他才有安全感，他对新事物有着病态的恐惧。对他而言，最大的痛苦就是新思想带来的痛苦。

马丁·路德·金
Martin Luther King Jr.

在上一章中，我们介绍了恐惧是如何抑制行动的。当然，对于一个想成为艾客的人来说，恐惧的负面效应不仅如此。恐惧还可以与知觉系统产生互动，从而改变个体眼中的世界。这一点非常危险。一旦我们的知觉系统发生了变化，那么我们很有可能做出一个错误的行动，这种效应对人类的影响要远远大于恐惧对行为的抑制作用。

1986 年 1 月 28 日，美国“挑战者”号宇宙飞船升空后爆炸，正是一系列错误的决定导致了这次惨剧的发生。尽管事故的直接原因在于火箭发射器的 O 形环，但独立调查委员会还是把矛头直接指向了美国国家航空航天局（NASA）的管理机制，他们认为 NASA 没有建立行之有效的方法来控制风险。O 形环在设计上就存在一定的缺陷，但 NASA 和项目的合约承包商都没能认识到这个问题的严重性，居然把此问题认定为可接受的风险。

莫顿 - 瑟奥科尔公司（Morton Thiokol）是制造火箭助推器的承

包商，他们很早就发现了O形环的缺陷，但是“NASA并不接受早期测试的结果”。NASA的工程师利昂·雷（Leon Ray）提交了一份详细的报告，阐述了O形线圈存在的问题，建议重新设计整个方案。即便如此，NASA只是要求承包商对原有方案进行了一些修改，但并没有彻底解决存在的隐患。尽管NASA通过了助推器的设计方案，但在实际操作中却麻烦不断。在温度测试中，O形环在10摄氏度时开始变得僵硬，密封带失灵（飞船发射时的气温已在零下）。承包商的工程人员也开始感觉到事态的严重性，并担心这个问题会带来不可想象的后果，但NASA的最终决定是优先考虑成本问题，因为在整个项目中，没有什么事比严格执行预算更为重要。

调查委员会的工作人员发现，虽然NASA制订了一套风险防范措施，但是这套制度并没有什么效果。但是，整个项目的日程安排极为紧密，在几乎无法喘息的压力之下，工程的进度只能是不断向前，任何拖延项目完工时间的“插曲”都是不能容忍的。

实际上，整个事件的罪魁祸首就是恐惧。由于迫于公众期待的压力，发射项目非常频繁，NASA曾承诺每月都有一次发射，这是非常不现实的安排。但是NASA害怕失去国会的财政预算与来自社会的商业支持。就这样，恐惧改变了NASA整个集体对风险的认知。

天生反叛的NASA质疑者

调查团中有一人坚定不移地将挑战者号失事的原因归咎为NASA管理不善，他就是诺贝尔物理学奖得主，加利福尼亚理工学院的理查德·费曼（Richard Feynman）。当他向国会演示 O 形环在低温中的变化时，他成了公众眼中直言不讳的英雄。不过许多人对费曼的表现习以为常，因为他在物理学术界就以反叛的个性著称。

与本书所介绍的其他艾客不同，费曼的反骨并不是后天学来的，他生来就是一名艾客。费曼在长岛长大，从高中时代开始，他就表现出了超乎常人的数学天赋。当费曼的同学还满头大汗地在草稿纸上演算代数方程的时候，费曼只需凝思片刻，不用提笔，各种解决方法就可以脱口而出。尽管费曼是公认的数学天才，但当时快速发展的物理学才是十几岁的小费曼真正兴趣之所在。经过几个世纪的争论，德国的物理学家玻尔、海森堡和薛定谔等人才最终证明物质是由无法观测的离散粒子原子组成的。费曼认为这一结论是人类历史上最伟大的发现，他的世界观也由此形成。

费曼的求学生涯充满了叛逆色彩。在普林斯顿读研究生时，费曼卓越的数学才能使他对学科的基础内容不屑一顾。不过在 20 世纪 30 年代，在普林斯顿攻读物理学专业确实需要独辟蹊径的精神，因为那时根本就没有明确的教学内容，但是学生却必须通过一系列严格的考试，这对任何人来说都是有难度的挑战。绝大多数人根据常规的方法把学科进行分类：力学、电磁学、原子物理学等，然后分别进行学习。费曼当然不会选择这种被动的方法。在他的一本叫做“我所不知道的”的笔记中，费曼解构了物理学各分支，对各领域的内容重新进行了分类，并分析了它们之间的差别。费曼对于用传统的代数方法解释原子运动一直不满意，为此他自创了一套全新的图形方法，这为他后来获得诺贝尔奖埋下了伏笔。

第二次世界大战期间，费曼的导师罗伯特·威尔逊（Robert Wilson）推荐他进入曼哈顿计划[①]工作。威尔逊曾经很有预见性地说："费曼敢于怀疑，敢于挑战权威，这对我们来说很重要。"由于费曼的数学天分，他负责领导一个小组专门进行复杂烦琐的数学计算。费曼的怀疑精神很快使他在众多学者中小有名气，有的时候虽然他无法确定正确的答案，但是却能敏锐地发现错误。罗伯特·奥本海默[②]也给予他很高的评价，"他绝对是我们这里最聪明的青年物理学者。"

曼哈顿计划也使费曼大开眼界，他看到了一群艾客是怎样合作的。费曼回忆说："当时我震撼于他们的工作方式。这群人能够提出许多新的想法，每个人都关注一个新的方面，同时还记得其他人说过什么。最后糅合各家之长，形成最好的解决方案，根本不需要反复陈述讨论。"

费曼成为最著名的艾克物理学家则是因为另一件轶事。在1945年的首次核试验中，费曼战胜了毫无根据的失明恐惧：

> 当时我们每个人都得到了一副黑色的墨镜让我们戴着观看试爆。远在32公里以外，再加上这该死的墨镜，还能看见什么？当时我判断，真正能够伤害到人眼的只有紫外线，所以我就躲到卡车里，透过挡风玻璃观察试验，因为玻璃完全可以阻挡紫外线。而那些在10公里处的家伙们也什么都没看见，因为有人要他们趴在地上。当时我是唯一一个用肉眼看到试爆的人。

① 美国陆军部于1942年6月开始利用核裂变反应来研制原子弹，该工程被称为曼哈顿计划，其中会集了当时西方国家最优秀的核科学家。——译者注

② 罗伯特·奥本海默（J.Robert Oppenheimer，1904—1967），美国物理学家，曼哈顿计划的主要领导人之一，被誉为"原子弹之父"。——编者注

阿希实验

像费曼那样总是保持特立独行的思维方式，对我们绝大多数人来说几乎是不可能的。人类习惯于群居生活，我们害怕被周围人贴上格格不入的标签，我们很少意识到，这种恐惧在潜移默化地改变着我们的知觉过程。

人类的所有灵长类近亲，甚至是最早的原始人，都要靠部落才能生存。结果是，哺乳动物耗时百万年的进化产生了人类的大脑，它把社交接触和沟通摆到了至高的位置。我们如此依赖人与人之间的社会关系，人与人之间交流信息的重要程度要远远高于我们自己的所见所闻。实际上，集体意见常常悄无声息地占据个体的思想，我们甚至一点儿也察觉不到。我们在倾诉自己的想法和感受，殊不知这些观点很有可能来源于其他人。

当然，归属集体是有很大好处的。一个原因是人数多会带来安全感。但大脑之所以如此愿意放弃自己的主见还存在着数学方面的解释：一群人对事情的判断可能比任何个体都更正确。

规则是用来打破的

社会价值和群体的统计智慧，解释了为什么只有少数人最终成为真正的创新者。理解了这些因素，就可以鼓励潜在的创新者，营造组织内的创新条件。

我们要追溯到 20 世纪 50 年代。实验的被试都是某大学在校生，来自于历史、政治、经济等不同的院系，绝大多数都没有学过心理学。

他们被告知要进行一个关于人类视觉敏锐度的实验，每 8 个人作为一组分在一个教室里。由于大学校园只是一个很小的圈子，所以被试彼此间都不完全陌生。被试招募过程很低调，都是通过同学、朋友、社团伙伴介绍的，这使实验蒙上了一层神秘的气氛。

所罗门 • 阿希（Solomon Asch）教授是这个实验的主试，他的个子有点矮，几乎所有被试都比他高。带着东欧口音，阿希要求被试在各自的位子上坐好。实际上，这个教室里真正的被试只有一个人，其余 7 名“被试”都是阿希事先安排好的“群众演员”。

这名被试在教室中也许会感到有一点疑惑。他并不知道这个实验的真正目的，只是隔壁寝室一个称不上朋友的朋友邀请他参加的。教室里其他的“被试”显得格外的轻松，他们讨论着学校里最近发生的热点事件，有些人甚至抽起了烟。

这时阿希清了一下喉咙然后进行实验指导语的讲解。

“在你们面前有一对卡片。左边的卡片上画有一条直线，右边的卡片上画有 3 条直线，从左到右我们分别称为 1、2、3，其中有一条的长度与左边卡片的那条相同，你的任务就是找出这条线。本次实验中，你们需要对 18 对卡片进行比较。”

说到此阿希停顿了一下，确定所有被试都已经理解了他的意思。阿希接着说道，“我会轮流叫你们宣布你所选择的结果，然后在我手中的表格上进行记录。”说完，阿希对离他最近的一名被试说：“从你开始，然后依次进行下去。”

这时一个家伙举起手来问：“一定能找到长度相等的线吗？”他就坐在真被试的旁边，扮演了一个神经紧张的角色。

阿希给了他肯定的回答，然后开始了正式的实验。

第一对卡片中，左边卡片的那条线大概25厘米长，右边卡片上中间那条线明显长于其他两条线，同时也明显与左边卡片那条线长度相同。

第一个被试（演员）回答“第2条。”阿希进行了记录，然后第二名被试（演员），他的答案也是第2条。任务似乎既直接又简单，轮到真正的被试时，他也做出了同样的选择。

第二对卡片同前一对的情况差不多，比较的难度很低，所有人都做出了正确的选择。

第三对卡片如图5—1所示。

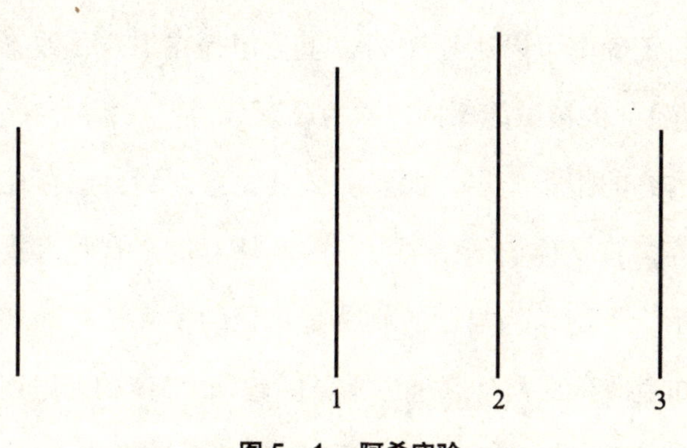

图5—1 阿希实验

第一个被试回答“第1条。”接下来的每一个被试都进行了同样的选择。

现在轮到那名真正的被试了，他显得有点紧张。他认为正确答案应该是第3条，可是所有人都是那么自信地回答是第1条。他在犹豫，但其他人似乎都在等待他对这个简单问题作答。最终，他小声地说出“第1条”。

在所有18次比较中，有12次全部8名被试都是错误的。

也就是说本次实验中的被试100%地服从集体的意见。

实验结束后，阿希留下这名被试，并问他："有多少次你不是根据自己的第一反应判断，而是顺从别人的意见？"他回答说，"可能有5次或者6次。其实我对答案也并不是特别确定，因为有些选择确实有点困难。"

实际上实验任务并不困难，是集体的压力使被试难以做出决定。同时，他也严重低估了自己屈服于集体意识的次数。

阿希多次重复这个实验，发现虽然并不是每名被试都会像我们刚才描述的那样,但情况也并不乐观。如果没有集体错误答案的影响，被试回答的正确率可以达到95%以上。但是在集体一致答案的压力之下，只有1/4的被试能保持这样的成绩。

阿希最终的报告指出，大多被试已经意识到自己存在顺从集体意识的行为，只是他们低估了自己的顺从程度。有些人接受了集体意识的暗示，干脆认为自己的判断是错误的，甚至有人开始怀疑自己"我不知道我到底是什么地方出了问题"。集体的答案严重削弱了一些人的自信："我实在无法相信那么多人都是错的。"总之他们在压力之下，最终都屈服了。

我口说我眼

阿希本人就是一名艾客，他为社会心理学做出了开创性的贡献。阿希是一名来自波兰的犹太人，他在第二次世界大战之后致力于研究为什么德国民众这么容易就接受了纳粹的种族灭绝政策。阿希的实验方法成为 20 世纪最有影响力的实验范式之一，众多研究者从不同角度不断重复这个实验，证实了即使眼前的信息没有丝毫的模糊性，人类也还是会受到集体思想的影响。

阿希之后的社会心理学家都是这样解释人类的从众性的：**我们知道自己看到了什么，也能区分对错，但在社会压力之下，我们害怕被孤立**。这种解释让从众这一话题蒙上了英雄主义的色彩。

规则是用来打破的

如果我们总是不说出自己真正的想法，就始终走不出集体意识的阴影。坚持自由意志固然高尚，只是我们缺少勇气。即便是在脱离实际生活的实验中，大多数人都不够勇敢。

恐惧到底在多大程度上改变了人类的知觉，这一直是困扰社会心理学家的难题。因为在很多情况下，人们都无法察觉到自己的知觉起了变化。阿希认为至少有两个不同的心理过程在他的实验中起到了重要的作用。第一个是知觉过程，我们在第 2 章中已经介绍过，知觉过程并不仅仅是对视觉等感觉器官所收集信息进行处理的过程，我们的先验、预期都会对知觉过程产生影响。第二个就是判断过程，这也是决策的一种。在阿希的实验中，这个决策过程很简单，被试只需要找出两条长度相等的直线。这里我们必须注意，这两个认知过程受控于不同的大脑功能区域。

很多社会心理学家认为，决策过程是最容易表现出从众性的，实际上认知过程也无法摆脱从众性的影响。在阿希的实验中，有一些被试完全赞同集体的选择，根本没有意识到自己是错误的。这种无意识性意味着知觉过程的改变。传统的研究方法只能通过询问直接了解被试的知觉情况，或是通过实验间接了解，但这很难完全区分知觉过程与决策过程。功能磁共振成像（fMRI）技术的出现终于为我们解决了这个难题。

尽管神经科学家已经利用 fMRI 技术探索了记忆、注意、情绪等诸多认知过程，但没有人想到通过 fMRI 技术了解知觉过程的变化。直到 2005 年，我的研究小组决定采用这种方法探索恐惧对知觉过程的影响。这个实验就像是阿希实验的现代化版本。

实验本身的逻辑很简单，如果我们所看所想发生了变化，那么 fMRI 应该在知觉功能区域检测到一些异样的变化。同理，如果社会从众干预了决策过程，那么我们同样可以在负责决策的脑区有所发现。我们在第 2 章已经介绍过，视觉信号在传入 V1 后进入两个通道，分别称为背侧流和腹侧流。背侧流是空间通路，参与处理物体的空间位置信息以及相关的运动控制，腹侧流是内容通路，参与物体识别。空间通路与内容通路最终在前额叶汇合。由于知觉过程发生在信息流动的第一阶段，即大脑的后侧区域，这样我们就有可能区分出从众对知觉过程与决策过程的不同影响。

无论实验结果如何，都可以帮助我们了解个人如何在集体中做出决定。在过去的 200 年里，民主思想深入人心，《美国人权法案》（*The Bill of Rights*）充分保障了公民的自由。这也就意味着我们每个人都是社会决策的参与者。社会能够容纳所有不同的意见，因为一切分歧都可以通过投票解决。这种机制目前运转良好，但是它有一个前提：每一个个体都能做到“我口说我眼”——我看见什么就是什么。

如同阿希的实验一样，我们也雇用了一些演员装做被试。当真正的被试走进实验室以后，他会看见已经有4个人坐在电脑前进行实验任务的练习。作为一组，所有人同时在各自的电脑前进行一项视知觉任务实验，而且他们的任务题目是完全相同的。另外，所有人都可以看到其他人的答案。

电脑屏幕上会呈现两个三维的几何图形，如图5—2所示，它们的摆放角度并不同，被试的任务就是在脑中对图形进行旋转，以判断这两个物体是否一模一样。电脑屏幕的右边会显示其他被试的头像以及他们的答案。实际上屏幕中呈现的两个图形是完全相同的，但除了本实验那名真正的被试，其他演员都被告知选择“不同”。在这种情况下，很多真正的被试都开始怀疑自己眼睛。

虽然在脑中对图形进行旋转的认知难度要高于阿希的实验任务，但是并没有被试感觉到的那么难。在独自解题的情况下，这些题目的正确率可以达到86%，但是在本次实验中，当集体给出错误判断时，被试的正确率只有59%，比靠抛硬币决定答案的正确率高不了多少。

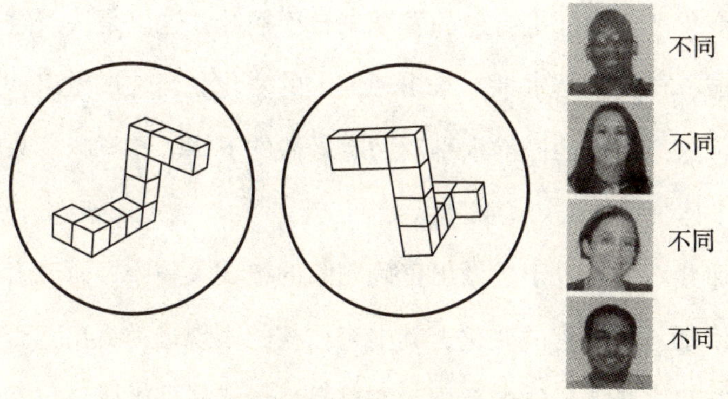

图5—2 图形旋转实验

我们对实验结果进行分析，发现有些被试确实一直坚持自己的看法，没有被集体意识左右，而有些被试几乎百分之百地跟随别人的想法。当然，大多数人处于这两种情况之间，但他们都无法清楚地回忆当时是如何决策的。

fMRI 数据却可以帮我们揭晓谜底。

图形旋转任务激活了大脑神经网络的几个特定区域。当被试眼睛盯在屏幕上时，首先激活的就是大脑后侧的视觉加工区域，视觉信息在顶叶与颞叶被组装起来。这两个区域决定了我们看见的物体（内容通路）以及物体的位置（空间通路）。由于实验要求被试在脑中对图形进行旋转，这一任务要求各个脑区协调工作，因此这 3 个区域的激活程度都格外强烈。

研究者发现当被试屈服于集体意见，做出错误的选择时，其大脑皮层顶叶的激活水平变高，仿佛它在更努力地工作。一种可能的解释是，集体意见形成了视觉图像并侵入被试的视觉系统，而原有的来自眼球的视觉信息被打败了，于是被试忽视了自己的知觉，接受了集体的意见。这种情况并不是常态，不过一旦发生，神经激活模式的变化非常大。更有趣的发现来自于额叶，这里是决策过程的功能区域，但其激活水平并未出现惊人的变化。当被试做出从众的选择时，这一区域的激活水平反而有轻微的下降。这意味着集体的答案使个体决策的认知负载降低了。

在那些不受外界干扰做出正确判断的被试大脑中，研究者也发现了脑活动不同寻常的变化，其中杏仁核的表现最为突出。杏仁核可以唤起很多身体机能的反应，它对恐惧情绪格外敏感。虽然有些被试并没有受到别人意见的干扰，但他们的杏仁核却格外活跃，这说明他们对于非从众行为是感到不安的，尽管他们事后并未回忆到当时的恐惧情绪。而那些否定自己判断的被试，他们的大脑不愿意激活杏仁核，宁愿改变知觉过程以服从社会常态。

战胜恐惧

马丁·路德·金，人类历史上最伟大的人权运动领袖之一，他懂得如何避免受到恐惧的干扰，坚持自己的信念，是一名令世人尊敬的艾客。为了争取黑人应有的社会权利，金和他的伙伴经常受到人身攻击的威胁。这些伎俩的目的就是向黑人灌输恐惧情绪。詹姆斯·梅雷迪思（James Meredith）也是一位著名的黑人运动领袖，他是密西西比大学的第一位黑人学生，毕业以后他采取非常激进的方式进行游行示威，从田纳西州的孟菲斯到密西西比州的杰克逊，后来却被射杀在游行队伍中。但是 1963 年，华盛顿的游行活动非常成功，金在林肯纪念堂前发表《我有一个梦想》的演说，就是这次演说对美国乃至整个世界都产生了深远的影响。

金的斗争哲学来源于圣雄甘地的非暴力不合作思想。在金的心中，非暴力原则是战胜恐惧的惟一武器。非暴力消除了黑人民众对白人报复的后顾之忧，通过和平抗议的方式迫使社会变革。这种非暴力策略并不要求个体孤单作战，而是号召大量黑人民众参与。更重要的是，金坚信非暴力是赢得白人支持与同情的唯一途径。当然并不是所有黑人运动领袖都持有同样的观点，著名的马尔科姆·艾克斯（Malcolm X）就推崇最直接的对抗。

1965年3月7日，亚拉巴马州塞尔玛市组织了500人的游行队伍，抗议某些白人使用极端的恐吓手段阻止黑人获得投票权。亚拉巴马州政府宣布这次游行危害了公共安全，出动警察驱散游行队伍。通过电视信号，美国公众第一时间目睹了警察用警棍和催泪瓦斯袭击黑人游行群众。一些受伤的游行者被送入医院治疗，人们称此事件为“血腥的星期天”。两天后，金组织了第二次游行，并带领队伍及时返程，避免了另一次暴力对抗。一个星期以后，联邦法庭宣布亚拉巴马州无权阻止黑人的和平游行，游行队伍终于在3月24日到达了目的地。几个月以后，当时的美国总统林登·约翰逊签署了新的《投票权法案》（*Voting Rights Act*），美国黑人终于获得了同白人同等的民主投票权。

金知道，无论是来自白人的威胁还是黑人自己的恐惧，都会破坏黑人应有的信念，正如金发表诺贝尔和平奖感言时所说：“非暴力的含义还在于，我的深处于痛苦挣扎的黑人同胞们，他们多年来一直在承受着痛苦，却没有转嫁给别人。我曾说过，这不是因为我们惧怕、懦弱，我们不想把恐惧带给他人、带给社会，因为四海之内皆兄弟。”

金认为只有非暴力才能消除恐惧带来的破坏性作用，“这种方法能使正义的法律付诸实践，我们要唤醒广大民众的良知，因为他们的良知正沉睡在盲目、恐惧、傲慢和不理性之中。”

金的斗争为黑人民众带来了应有的待遇与民主权利，同时也用事实告诉我们，清醒和理性是可以将恐惧战胜的。这也是本章的主题之一，我们将在章末进行论述。在此之前，我们首先需要探讨恐吓为什么会有这么大的力量。

大数定律

也许听上去有点不可思议，人类的大脑如此容易受到别人观点的影响，以至于我们拒绝承认自己眼睛传来的信息。但是，如果从统计学角度审视这个问题，似乎情况又变得合情合理。我们在第2章中已经介绍过，人类的知觉过程不仅仅依靠眼睛传入大脑的信息，同时还要调用过去的经验来处理即时流入的信息。为了最大化地利用资源，大脑对信息的认识更多的是利用情境和经验来猜测，而这种猜测的过程就是大脑对最大可能性的判断过程。这就是我们所说的统计学角度的解释。

规则是用来打破的

大脑经过一次又一次的猜测与判断，发现很多事物完全可以归类存档，以便日后调用，这样既遵循了规律也提高了效率，这就成为了我们前面讲的分类过程。但是除了依赖经验知识，我们发现，分类规则的形成还会受到他人意见的影响。

阿希实验与图形旋转实验中的任务都是客观题，被试的判断都会被集体意见左右，我们不由得怀疑，人们对主观问题的判断是不是更容易从众。让我们考虑一些答案尚不可知的问题，比如今年谁能获得世界职业棒球大赛（World Series）的冠军，或是下个月道琼斯股票指数走势如何。恐怕每个人在心中都有自己的答案，他们对自己答案的自信程度也会不尽相同。这个时候，我们很有必要参考其他人的意见，因为集体的判断确定会更加准确。其实这是一个统计学中有关信息集合的问题。

有这样一个游戏，在一个不透明的罐子中装了一些糖豆，每个人都可以下注 1 美元猜测罐子中糖豆的数量，谁的猜测最接近真实数量，谁就可以赢走全部赌注。如果参加游戏的人足够多，把他们的猜测记录下来，数据的分布会近似于一个钟形的曲线。更重要的一点是，如果参加者彼此间不交流自己的看法，那么大家猜测的平均数会非常接近真实数量。通常这个平均值会比 95% 参与者的猜测更准确。换言之，一组独立观察者的平均数要好于一个单独的个体甚至是群体中最棒的个体。如果我们能够扩大参与者的数量，那么我们将会得到质量更高的数字。唯一的前提条件就是每个人都要独自判断。

瑞典数学家雅各布·伯努利（Jacob Bernoulli）在 1713 年就已经系统地论述了平均数最优的原理，虽然论证过程很复杂，但道理却很简单，现在我们称之为大数定律（law of large numbers）。我们对事物进行测量的次数越多，平均数就越能接近客观事实。但是，我们很少有机会能按照大数定律的要求那样做，在多数情况下，我们只是尽可能利用有效信息。由于我们缺乏反复权衡的机会，那么最好的办法就是看一看其他人的选择是什么，毕竟我们的主观判断不会好于一个集体。另外，这样做也提高了效率。所以，如果你想要知道罐子里的糖豆数，看一看其他人的答案，算出平均数就可以了。

虽然人类发现大数定律只有300年，但是它对人类的影响却并不短暂。我们一直在强调，人类的知觉系统就像是在从事统计计算工作，对所有输入的信息，它不仅会根据经验、分类进行判断，还会参考其他人的观点，选择概率最大的解释。如果已经有一群独立的个体（不管是不是真的“独立”）提供了答案，我们的大脑当然不会错过这样的机会，马上把这些信息纳入自己的知觉过程中。

从生物进化论的角度来说，大数定律给生物提供了生存优势。假设某种生物总是依靠个体的力量去寻找食物与水源，回报高，风险更高，这样的方式很难在残酷的大自然竞争中持续下去。但是，如果一种生物能够观察其他动物的行为，然后决定自己的行动路线，情况就完全不一样了。根据大数定律，我们知道集体的决策经常要好于个体，当某个动物发现了观察其他动物的妙处时，便会开始不自觉地使用大数定律。这样，此类动物不仅提高了生存的概率，还减少了能量的消耗。集体的力量在这时充分显现出来，大自然青睐那些善用大数定律的物种。于是，在所有会观察同伴行为的动物种族中，“集体思维”成了最主要的生存策略。

尽管大数定律从统计学角度考虑优于个体思考，但对想要成为艾客的人来说却是一大隐患。几百万年的进化产生了人类的大脑，而大数定律已固化在其中了。阿希曾对屈服于群体的个人做过观察，他发现那些个体的行为符合大数定律，而且往往做出从统计上讲合理的判断，即群体可能比他们更正确。

他的实验室不断做着脑成像的实验，从实验中他们发现大数定律在多个层面发挥着作用。首先是知觉阶段，但他们观察到当个体对抗群体时恐惧系统会插进来，就像一种保险装置。这种强大的生物机制使得像艾客一样思考问题变得难上加难。我们大脑的进化结果是尽可能快地做判断、尽可能提高效率，一旦大脑探测到其他人的观点，就会将其吸纳过来，而不管我们自己想不想要。

减少恐惧对知觉的影响

我们之前介绍的驯服杏仁核的方法，都可以减少恐惧对知觉的影响，比如认知再评估方法教我们从不同的角度看待恐惧的源头。另外，还有一些其他策略可以帮助我们改变知觉过程，摆脱被孤立的恐惧。虽然没有人愿意当唯唯诺诺的傻瓜，不过当特立独行的怪胎似乎更痛苦。

幸运的是，大脑中有一个简单的工作区，刚好可以满足其随大流的习性。唯一的少数派是叛逆的极端表现，那意味着孤身一人与大众对抗。这时，**一种办法是自我孤立，这样就不必面对其他人的看法**。但是，回避的办法只不过是拖延了个体与群体之间不可避免的冲突。**另一种解决办法就是费曼精神，即打造出一副厚脸皮，不在乎别人怎么想**。虽然这种方法有时候管用，但有流于冷漠或反社会的危险。该方法最适合支配型人格。

阿希在后来的实验中发现，只有当所有演员被试都没有任何异议时，实验中真正的被试才会轻易盲从。只要存在另一个异议者，那么这种从众效应就可以打破。对艾客而言，这意味着对抗集体意志最有效的方法是找到一个盟友。尽管两个人无法左右一个集体的意志，但这足以使个体坚持自己的意见。虽然根据大数定律，集体的结论总是要强于个体，但是这里还有一个前提，集体中的个体必须独立做出判断。但是，由于社会压力等因素的影响，很多个体在提出自己的想法之前，就已经被卷入了集体意见之中。因此少数派的存在可以打破盲目从众的束缚。从统计学的角度来看，一个允许少数派意见存在的集体，比一个要求统一思想的集体，更能做出正确的决策。

在机构层面，这意味着不应该要求委员会一定要得出一致同意的决定。必须鼓励争论。虽然标准的委员会程序是大家围坐在圆桌旁投票表决，但这种办法常常会产生阿希效应，因为不同个体对自己判断的信任程度各不相同。更为有效的策略是让个体对各种方案进行打分。这种方法对于只有两个选项的问题尤为有效，有人可能给选项 A 打 0 分，给选项 B 打 10 分。而打分的尺度反映了投票者观点的强烈程度。该方法适用于必须对各个选项进行排序的情况。虽然独立投票通常不是委员会的惯用标准，但该办法能减少社交孤立带来的恶果。

管理者常常不喜欢听到有人提建议，因为他们对员工施加了沉默的暗示。个体受雇、晋升的依据是是否能独立工作。而就算是董事会，其成员的个性也各不相同。所以说，对于一个群体来说，最有效的决策方法就是汇总独立个体的意见。而成员个性千差万别的群体比成员大同小异的群体更容易得出优质的决策。

对个体来说，**恐惧的影响会随着个体对恐惧的重复体验而降低，**

也就是说当同样的恐惧情绪反复出现时，大脑就会开始抑制它。比如，有人害怕在公众场合出丑，总是不能勇敢表达自己的意见，那么他更应当强迫自己多发言。一开始可能很痛苦，但是多次练习之后恐惧反应就会消退，不再给知觉过程投下阴影。

最后，就是马丁·路德·金大力倡导的方法，与认知再评估有相似之处，他认为理性的思维会最终战胜恐惧。金认识到恐惧已经成为黑人民权运动最大的敌人，人数上带来的安全感很有用。但真正的改变一定要发生在个体的内心。幸运的是，恐惧是很容易识别的。你只需看一看身体反应就能判断出自己是否害怕。一旦发现有恐惧存在，个体就必须调用待命的认知加工来将其瓦解。

规则是用来打破的

只有对恐惧进行分解、解析，才能将它消除。关键是，首先要识别出恐惧，而不是在恐惧的影响下做判断。

想一想，恐惧就像酒精，我们都知道喝醉的时候大脑是无法做出准确判断的，**那么在恐惧情绪消除之前，我们也不应当轻易做决定。**

06 Iconoclast
敢于承担失败的风险——恐惧vs风险

艾客代言人

- ▶ **戴维·德雷曼** 提出逆向投资理论的金融街叛逆者
- ▶ **比尔·米勒** 创下连续15年击败标普500指数纪录的基金管理人
- ▶ **亨利·福特** 面对未知、不惧失败的现代汽车大王

在股票市场上赚钱连猴子都可以做到，秘诀就是低买高卖。

戴维 · 德雷曼
David Dreman

通过前面两章的介绍，我们了解了恐惧对人类知觉系统与决策过程的影响。恐惧会阻碍人们采取行动，更糟糕的是，恐惧还可能改变我们认识世界的方式。实际上，我们每一天都在与恐惧打交道。接下来我们要介绍几个关于金融市场的故事，在变幻莫测的金融市场，恐惧的强大威力会一览无遗。

恐惧有三种主要类型。

- 第一，对未知的恐惧。例如，“我的经纪人怂恿我买一只从未听说过的股票，我该怎么办？”
- 第二，害怕被比下去。例如，你刚抛掉的股票开始大涨，你的邻居却狠赚了一笔。
- 第三，对失败的恐惧。在金融市场，这种恐惧经常伪装成“风险”，不过我们都知道所谓的风险就是害怕赔钱。

金融市场变幻莫测，而那些一意孤行的艾客如果判断失误，就要承受很大的损失。对我们绝大多数人来说，投资前举棋不定就是害怕风险过大。因为害怕风险，也就是经济损失，我们经常会失去一些好机会。其实，人类的这种行为是有生物学原因的。在恐惧的影响下，我们对事物的知觉会扭曲失真，当然，艾客们是例外。

2005 年年末，纽约证券交易所（NYSE）的市值已经达到 21.2 万亿美元，每个月的交易额超过了 1 万亿美元。2002 年，有 8 500 万人（美国成年人口的 42%）直接在纽约证券交易所投资股票或者通过购买基金等方式间接持有股票。这仅仅是纽约证券交易所一家的数字，还不包括纳斯达克等其他证券交易机构。可以说股票投资是现代人生活的一部分，在举国参与的情况下，脱颖而出成为佼佼者的机会是微乎其微的。而且一次成功的投资并不能说明问题，只有那些总是能走在市场前边的人才是真正的艾客。

美国投资研究机构晨星公司（Morningstar）对市场上 2 000 只基金进行了统计，发现尽管不是所有基金都能交出漂亮的业绩报告，但是几乎所有基金都对自己未来的走势非常乐观。而阴暗的真相却是，没有哪只基金能持续盈利。根据权威金融分析机构标准普尔（Standard & Poor）的报告，在过去的 5 年中，只有 10.8% 的大型基金业绩能够始终保持在总排行榜的上半区。其实，上半区的业绩只是超过了所有基金的平均表现而已。如果我们把标准缩小到排行前 25%，那么过去 5 年仅有 3 只大型基金（占全部基金数的 1.12%）能够达到标准。

没有哪只基金在市场上是常胜将军，这说明金融市场确实变幻莫测，没有谁能够总是跟得上脚步。也就是说，昨天的业绩与明天的盈利预期似乎没有半点关系。如果确实如此，那么每一年的基金排行应该是随机的，某只基金排入上半区的概率和抛硬币应该是差不多的。如果我们将一枚硬币连续抛4次，4次都正面朝上的概率是6.25%，而连续出现在基金排行前半部分的基金约有8%~10%，可见基金的表现只比抛硬币稍微好一点点。

金融市场的美妙之处在于，买方与卖方之间微妙的平衡。如果有人买进，那么一定是有人卖出了。谁的举动才是正确的呢？谁才是真正的艾客呢？

面对风险怎么办

既然基金的表现如此的变幻莫测，赚钱的概率又只比抛硬币高一点，那么我们为什么还要把钱交给这些基金来管理呢？搞清楚这个问题之前，我们先来想象这样一个游戏：你首先需要交20美元作为参加游戏的“入场费”，然后抛硬币。如果硬币正面朝上，那么你就可以赢到2美元，也就是你实际上输了18美元。但如果抛出的硬币正面朝下，庄家就会将奖金翻倍，继续抛下一轮。直到出现硬币正面朝上的情况，他就可以赢走翻倍后的奖金，游戏才结束。

你认为20美元玩这个游戏赢不到钱？那么你花多少钱才肯玩上一次？

现在问题就是这个游戏到底值多少钱？这就像是买彩票一样。彩票的价值等于奖金额乘以中奖的概率。如果游戏在第一局结束，你将会得到2美元，出现这种情况的概率是0.5，那么第一局的期望值（expected value）就是 1 美元。如果游戏在第二局结束，你将得到 4 美元，而出现这种情况的概率为 0.5 乘以 0.5，也就是 0.25，那么第二局的期望值还是 1 美元。以此类推，每种情况的期望值都是 1 美元。

整个游戏的期望值应该是各种情况期望值的和，由于游戏的回合数可能是无穷大的，那么整个游戏的期望值也应该无穷大。所以，既然收益是无限大的，多少赌金我们都应该愿意付。但事实上几乎没有人愿意拿出 20 美元来玩这样一个游戏。

这个游戏其实就是瑞士数学家丹尼尔·伯努利（Daniel Bernoulli）[①] 在 18 世纪提出的概率期望值悖论，我们现在称为圣彼得堡悖论（St.Peterburg paradox）。伯努利本人对这个悖论给出了非常好的解释。他认为人们不愿意玩这个游戏是因为，在人们心中金钱的价值并不随着数量线性增长。为了解释这个问题，伯努利提出了效用（utility）的概念，他认为事物，包括金钱在内，它们的价值，并不完全取决于其价格，而是取决于它能产生的效用。效用完全是一个主观概念，伯努利认为价格由事物本身决定，而效用因人而异。一张 100 美元的纸币对于一个穷人来说可能非常有价值，但对极为富有的人来说恐怕只是零钱。由此，伯努利提出了效用边际递减理论（diminishing marginal utility），你拥有的财富越多，那么再增加额外金钱带来的效用就越少。一个极其富有的人会觉得再赚钱也没什么意思了。这看起来似乎很不理智，不过不愿掏钱参加抛硬币游戏也是同样不理智的。

① 丹尼尔·伯努利（1700—1782），他是证明了大数定律的数学家雅各布·伯努利的侄子。——译者注

伯努利认为金钱与效用成对数关系，也就是说在坐标轴上随着金钱数量的增加，其对应的效用曲线也增加，但却越来越缓慢。抛硬币游戏的收费可以趋向于无限大，此时该游戏的效用曲线将趋近于一条直线，这就是每一个人心中能接受的最高价格。

伯努利的理论还解释了另外一个问题，为什么人类总是倾向于风险回避。关于风险的定义有很多，其中经济学观点最为简单明了，风险就是经济损失的可能性。比如，参与圣彼得堡悖论游戏是有风险的，因为玩家和庄家都存在经济损失的可能性。伯努利指出人类风险回避的根源是金钱的效用曲线在我们心中发生了弯曲。另外，效用理论不仅可以用来解释金钱的价值，还适用于任何按消耗量产生效用的事物，比如食物。

如果我们回忆前两章的内容，**就会发现害怕经济损失与害怕失败的意义是一样的，也就是说，风险回避等同于对失败的恐惧**。伯努利说人们对“1 000 美元”与“10 倍的 100 美元”的态度是不一样的，换言之，人们对金钱价值的知觉发生了扭曲。这又是何必呢？俗话说“不怕一万，就怕万一”，我们害怕经济损失，这一点会直接影响大脑知觉系统的运转，最后致使我们做出了不理性的决定。也许，只有那些艾客才能抵制这种知觉系统的改变。

假设我们知觉系统中的效用曲线没有被扭曲，那么，此时金钱与效用的函数关系将会变成一条直线，那么我们对风险的判断将会更加中性、客观。其实，这就是那些基金经理需要做的事情，这也是唯一合理的投资方式。因为拉直的效用曲线与风险回避的生物学基础是相违背的，因此鲜有人能真正客观地看待风险。不过在我们进行神经科学方面的解释之前，不妨先来看一下 21 世纪的相关经济学理论。

从 20 世纪开始，越来越多的研究者认为伯努利的风险回避理论并不完善。1944 年，数学家约翰·冯·诺伊曼（John von Neumann）与奥斯卡·摩根施特恩（Oskar Morgenstern）根据效用理论提出了新的思想，他们认为人类的一切决策都是在追逐效用最大化。

诺伊曼与摩根施特恩认为，当个体需要做出取舍时，他们比较的是各种情况的期望效用（expected utility）。期望效用的计算方法与伯努利提出的期望值算法大同小异，用每种结果所能带来的效用值乘以相应的概率即期望效应的值。各种选择都有各自的期望效应值，那么接下来的选择就变得简单了。期望效应理论的出发点虽然是纯粹的数学理论，但却使我们恍然大悟，并开始相信人类的选择并不是我们想象的那么非理性。目前，期望效用理论已成为经济学中人类决策的基础理论，在经济学的很多领域中都发挥着重要作用。

也许有人会质疑，人类在面临选择前会进行如此复杂的计算吗？有些选择几乎是在瞬间做出的。但是最近的神经成像研究却显示，人类的大脑确实可以在我们无意识的状态下进行着类似的高速运算。

规则是用来打破的

那些能够使用期望效用理论进行决策的人，就是我们生活中真正的艾客。

逆向投资

70岁高龄的德雷曼走过了金融市场的风风雨雨，他开始对自己的投资哲学进行总结。他关于逆向投资的一系列著作，包括《心理学与股票市场》（*Psychology and the Stock Market*）、《逆向投资策略》（*Contrarian Investment Strategies*），成为市场上最畅销的书籍，另外他在《福布斯》杂志的专栏也大受好评。公众对德雷曼投资理论的追捧是因为他有着辉煌的成就。德雷曼掌管着两只采用逆向投资策略的基金，市值达到了60亿美元，另外他还是一家私募基金的主席。金融市场的繁华与泡沫使无数投资者在迷茫中徘徊不前，而德雷曼管理的资产在10年中的平均回报率达到了11.2%，他掌管的基金是10年中表现最好的20只基金之一。

德雷曼受到价值投资之父本杰明·格雷厄姆（Benjamin Graham）影响，提出了逆向投资理论。德雷曼异于常规的思维方式，使他成为股票市场上著名的艾客。德雷曼认为选择股票应该避开那些受投资者追捧的热门股，那些表面看上去没有什么吸引力的股票才具有真正的投资潜力。如何选择这些暂时没有被市场认可的股票呢？德雷曼认为只要抓住市盈率（P/E Ratio）这一个指标就可以了，那些市盈率在市场平均值之下的股票是真正的宝藏，尤其是市盈率排在最后20%的股票，最有可能一鸣惊人。

有人质疑德雷曼的理论并不是“小众”，已经有人依据市盈率设计出了数学模型作为筛选工具，来寻找具有投资价值的股票。德雷曼承认自己的理论并没有什么神奇之处，他指出虽然低市盈率的股票总是能取得出乎预料的成绩，但是却很少有人真的会去买。即便是倡导该理论的投资专家,也不会亲自践行。“问题在于我们的心理”。更确切地说，在于大脑的知觉系统。

市盈率通常指一个时期内股票价格和每股收益的比例，也就是说市场对股票的估值与股票实际盈利能力的比例。高市盈率代表市场对股票未来的盈利能力比较乐观，所以对其估值高出了现有的盈利能力。换言之，市场认为这家公司未来的成长潜力非常大。而股票的市盈率低一般会有两种可能性：第一，公司的成长轨迹良好，未来盈利能力可观，但市场还没有发现这只股票的真正价值，所以它未得到关注与投资。这正是德雷曼所要努力寻找的股票，根据他的理论，这种股票日后的表现要远远好于其他股票。第二，公司的生命将要走到尽头，其盈利能力被广泛质疑，没有人愿意投资这样的公司。

现在已经有越来越多的数学模型可以帮助预测市场的走势，但德雷曼始终只对市盈率情有独钟，他也因此被贴上了艾客的标签。德雷曼在加拿大的温尼伯（Winnipeg）长大，从小就浸染在股票市场的涨跌之中。他说：“我的父亲是一位商人，他的思维总是与他人背道而驰，所以我也自小如此。”

德雷曼回忆他的职业生涯时说道，“那时我只有20岁出头，只是华尔街初出茅庐的分析师，我只选择那些我喜欢的股票，但是公司上层给我施加很大的压力，要求我跟大家买一样的股票。高级的分析师对股票有强烈的个人喜好，如果你逆他们的意，就可能丢掉饭碗。”

德雷曼是如何抵挡住群体压力，战胜被孤立的恐惧的呢？冷静与自信的性格自然大有帮助，是否还会有其他生理基础呢？脑成像研究将为我们揭开其中的秘密。

放眼未来

如果说某种理论可以有效地预测市场的走势，那么就会出现一个问题：既然理论有效，那么所有人都会按照理论去交易。这样的话，那些被低估价值的股票就会因此而价格升高，不再具有很高的投资价值。有些靠证券投资分析混饭吃的分析师反驳说，掌握内幕消息可以帮助投资者在市场上先人一步。而价格趋势分析能够帮助投资者获得高于市场平均水平的利润率，所以在专业的指导下进行投资是非常有必要的。但是我们知道，投资者获取信息的渠道大同小异，而使用的投资策略无外乎那几大类，谁又能获得更好的成绩呢？有效市场假说认为，市场本质上具有随机性，无法人为预测。

有效市场假说由芝加哥大学的经济学家尤金·法马（Eugene Fama）于20世纪60年代提出。法马认为金融市场的信息传递是有效的，股票价格受制于所有投资者，所以这是集体的智慧，也是所有投资者在相互交易后形成的公认价格。鉴于此，没有人能够总是走在市场的前面，那些盈利的投资者只是运气好，或者说只是暂时状态，从长期看没有谁的表现能始终好于平均水平。这解释了为什么基金的排名总是变化那么大。即便如此，我们仍有一点疑问，确实有极少数的基金表现出了稳定性，长期走在竞争对手的前面。

比尔·米勒（Bill Miller）掌管的美盛价值信托基金（Legg Mason Value Trust）市值总额超过200亿美元，曾连续15年击败标准普尔500指数，他本人成为华尔街上的传奇人物。米勒既配得上艾客的称号，又是让人嫉妒的幸运儿。但是那些有效市场假说的追随者对此却不以为然，他们认为米勒的成功只能是在一段时间之内，从长远来看，他最终还是会被平均值的铁律击败。

米勒与德雷曼相同，都受到了价值投资之父本杰明·格雷厄姆的影响，从而形成了自己的投资哲学。但米勒并不迷信市盈率，他认为市盈率只能代表公司现在的股价与盈利水平，而股票的潜在价值应该从未来的盈利预期中挖掘。所以米勒说，秘诀就是着眼于未来，而不是盯着过去不放。当米勒决定投资谷歌时，其市盈率已高达50，但对米勒来说，价值与增长没有必然联系，谷歌的高股价并不能说明它未来的增长会停滞。

与德雷曼不同的是，米勒不会沉迷于以市盈率为基础的单一指标判断标准。以这种理论作判断，谷歌的投资价值并不高，因为其股价与过去的盈利水平比高出太多了。但实际上很多投资者在追逐高市盈率的股票时总是屡有斩获，因为根据米勒的理论，未来才是判断的基础。与其他艾客一样，米勒总是能从不同的角度来看待问题，当绝大多数人还在纠结股票过去的表现时，米勒已经放眼未来了。

有人认为计算盈利预期无异于巫婆利用水晶球预测未来，更像艺术而非科学。而市盈率更受大家认可，无论是原理还是计算方法，似乎更加可靠。正是对未来不确定性的恐惧使很多投资者不敢采用米勒的理论，但米勒却从未让这种恐惧影响他对价值的判断。

恐惧失败的生物学基础

对未知的恐惧使我们与很多机会擦肩而过，对失败的恐惧也同样使我们止步不前。人们总是回避各种可能失败的活动，也就是回避风险。最近的实验已经表明，与其他恐惧如出一辙，风险回避来源于恐惧对认知系统的影响。

规则是用来打破的

迄今为止还没有直接的实验证据能够证明艾客的大脑结构异于常人。但研究者已经非常确定，人们大脑内的神经联结模式的差异可以用来解释面对风险时人们的不同决策。

在2005年，我的研究小组通过实验发现，有些人的大脑对于潜在的负面信息反应非常强烈。这为我们了解艾客的大脑提供了直接的启示。

人类的决策无非是一个权衡的过程，有些人总是积极地考虑最好的结果，而有些人则总是对意外忧心忡忡，大多数人则是在这两个极端徘徊。以往的学者一直专注于经济奖励对大脑的影响，但我的团队却把焦点放在了“失败”上。失败与恐惧如影随形，不过从实验的角度来说，对失败进行研究是非常困难的。没有哪个被试愿意在实验中承担经济损失的风险，伦理道德也不允许我们把实验室变成赌场。

在这种情况下，我们只好寻找替代方案，考察在潜在的痛苦结果之下人们如何进行决策。这种痛苦是我们研究艾客大脑的一把钥匙。对大多数人来说，对痛苦的恐惧足以使他们止步不前了。

实验的整体设计是这样的：

> 首先告知被试，此次实验希望了解人类大脑如何对疼痛信号进行处理，但这并不是实验的真实目的。实际上，我们研究的是大脑对疼痛预期的反应。生活中不愉快的事情与潜在的痛苦都是不可避免的，了解人类对此类事件的预期是很重要的，这样我们就可以了解为什么艾客的反应与我们不同。
>
> 我们在实验中使用了物理疼痛刺激，一个电流刺激设备通过电极连接到被试的左脚。电极输出电流，虽然不会对被试产生任何伤害，但足以使他们产生不愿意再次体验电击的情绪。实验的关键在于被试接受电击前需要等待一段时间。每次电击之前，主试都会告诉被试电击的强度和等待的时间长度（从 1 秒到 30 秒不等）。对于绝大多数被试来说，这段等待实在太痛苦了，如果可能的话，他们希望马上进行电击。有近 1/3 的被试甚至愿意加大电击强度换得较短的等待时间。这种冲击行为正是我们感兴趣的，金融市场上的这种冲动会影响决策。而这类行为都是在“极度恐惧”之下做出的。

对被试大脑进行扫描后，我们发现那些“冷静者”与“恐惧者”的脑内活动有所不同。当恐惧者了解到电击等待时间的瞬间，脑内与物理刺激有紧密联系的次级体感皮质（secondary somatosensory cortex) 活跃性明显增强。那些冷静者就不同了，体感皮质并没有提早进入活跃状态，只是随着电击时刻的到来逐步提高活跃水平。我们在前扣带皮质（anterior cingulate cortex) 中也发现了类似的差异。正是这些区域的活跃过度导致了我们在恐惧之下的冲动行为。

恐惧阴云之下的金融决策

尽管我们在实验室中发现了个体大脑工作方式的差异，但这一发现的实践意义仍需要进一步研究。麻省理工学院斯隆商学院金融系的罗闻全（Andrew Lo）教授致力于研究经济决策的生物学基础，这个研究方向是神经经济学的前沿课题，已有部分成果应用于商业领域。罗闻全认为，整体上看来，市场有效假说是成立的，但是个体的表现确有好坏之别。输赢之间的差距均有生理基础。而这种差异主要来自于情绪，特别是恐惧情绪。

在 2001 年，罗闻全与俄罗斯的认知神经科学家德米特里·列宾（Dmitry Repin）合作进行了一项实验。实验的被试均是波士顿某大型金融机构外汇交易操盘手。这些操盘手每天经手的交易在 1 000 笔到 1 200 笔之间，每笔成交额都在 300 万美元以上，可以说都是绝对专业的金融人士。罗闻全与列宾对 10 名操盘手工作时的血压、体温、呼吸频率、排汗、面部与臂膀肌肉张力等生理指标进行监测，监测的周期从 49 分钟到 83 分钟不等。监测结束后，罗闻全与列宾分析了操盘手的生理指标与市场中特定波动事件之间的相关关系。这些事件包括成交量变化异常、走势逆转、收益波动等。同时，罗闻全与列宾还把被试分成了新手与老手两组，以考察经验在其中的影响。

尽管实验的被试并不多，但是罗闻全与列宾还是有了重大的发现。被试的生理指标与市场趋势有惊人的相关关系，其中以血压的变化最为明显。当交易资产的最大波动值出现时，新手和老手的血压都会升高。所谓波动峰值，指在一段时间内交易资产值相对这段时间内的平均值来说达到了最大值或最小值。经过进一步分析，罗闻全与列宾发现，血压的变化总是要先于波动峰值的出现，也就是说，血压的变化预示着峰值的到来。这似乎意味着，操盘手的大脑和身体可以感受到金融市场上的微妙线索。

尽管发现令人振奋，但罗闻全与列宾还是无法证明生理反应与个体表现存在因果关系。在随后的一个实验中，他们以 80 名参加在线培训项目的当冲操盘手为被试，他们终于确定情绪反应与交易表现存在某种特定联系。这次他们没有测量生理指标，而是关注了交易结果与情绪状态之间的关系。他们首先利用标准人格量表对被试进行测量，发现人格与交易结果没有必然联系，也就是说没有哪种性格是擅长交易的。然后，他们从心境的起伏入手，结果完全在意料之中：盈利可以给被试带来积极的情绪，亏损则使被试的心情急转直下。最重要的发现来自于那些业绩不理想的操盘手，这些人的数据表明，交易结果在强烈影响着他们的情绪，而他们则任凭情绪影响他们的知觉和决策过程。

亨利·福特的自由力量

亨利·福特（Henry Ford）在许多领域里都称得上是“艾客”。他对资本主义和世界和平都有独到的见解，并开创了流水线的工作模式。福特很早就清晰地认识到了恐惧对商业投资毁灭性的打击，更重要的是，他还发现了战胜恐惧的诀窍。1863 年，福特出生于美国密歇根州的一个农场，年幼的福特见证了那个艰苦的农耕时代。

福特把劳动力从充满血汗的农活中解放出来，他开始着手内燃机的研究。在那时，普遍应用于生产领域的是单缸内燃机，但福特对于这种效率低下的设计非常失望。从1890年开始，福特的注意力已经转移到了双缸内燃机。

当时，福特就职于爱迪生（Edison）公司，而那时主流的观点认为汽车行业的未来在于电力驱动，几乎没有人相信汽油能够为汽车提供动力。1899年，福特辞职开设了自己的公司，他的艾客生涯就此开始了。首先，他用了3年时间开发适用于汽车的双缸内燃机，这使汽车的动力足可以带动一架马车，这就是著名的A型汽车。A型汽车的最高时速达到了每小时70公里，以750美元（相当于2008年的17 000美元）的价格在市场上出售。A型汽车并没有成为市场上的佼佼者，反而更像是猎奇的产品，但这使福特赚到了足够的利润来开发他里程碑式的产品——T型汽车。

T型汽车的成功还要感谢一种金属产品的问世。由于在合金中加入了钒，法国生产出了一种特殊的合金，坚硬度是常规金属的3倍。作为一名艾客，福特立刻意识到如果汽车的重量减轻到原来的1/3，汽车工业会发生极大的变化。内燃机的力量可以从车身自重中完全解放出来。福特决定把这种金属运用于下一代汽车之中。1908年，T型汽车横空出世，在发售的第一年就卖出了10 607台，成为当时绝对的销售冠军。

福特的成功并不是凭借运气。他认为自己肩负着使命，要勇敢地面对未知的世界，不惧怕任何失败（未知与失败恐惧刚好是影响认知的两个因素）。福特曾写道："害怕失败，害怕未来会限制人类的创造性，失败是通向成功的最好起点，失败并不可怕，可怕的是害怕失败。”同时，福特还敏感地意识到金钱是恐惧之源，他说：“总是把金钱而不是事业本身放在首位，就会让我们害怕失败。这种恐惧会阻碍事业的发展，会令一个人害怕竞争、害怕任何新的变化。”

规则是用来打破的

福特是一个成功艾客的典范，同时他也以实际行动告诉我们如何应对恐惧。首先个体要意识到恐惧确实客观存在。恐惧只是一种我们需要重视的信号，并不应该成为左右我们行动的因素。一旦我们意识到了恐惧的存在，我们就可以将其彻底解构并进行认知再评估。一旦我们将恐惧条分缕析，就会发现恐惧的根源往往是害怕经济损失。即便如此，艾客依旧可以无所畏惧。福特就是极好的例子，他善于从失败中学习，将失败转变为成功的开始。

基因秘密

艾客的特质是与生俱来的还是后天训练的结果？这是一个很难回答的问题。费曼似乎天生就是一个艾客，而福特、德雷曼与米勒应该是在生活中逐渐形成了叛逆的性格。实际上，人类的大脑并不是“生而平等”的。神经成像研究发现多巴胺是决策过程中起到关键作用的神经递质。那么，在多巴胺分泌这个环节上，艾客应当与常人有所不同。尽管我们现在没有办法直接测量人类脑内多巴胺的分泌水平，但基因特性（genetic fingerprint）向我们提供了一个重要的信息来源。

人类的基因由 DNA 构成，DNA 本身由 4 种核苷酸组成的碱基对构成，多个 DNA 的连接构成了染色体。在人类体内大约存在 30 亿个碱基对，其中绝大多数是无用的 DNA，因为它们并不参与编码。其余的基因含有制造蛋白质的编码，而我们人类体内所有的蛋白质都是在基因编码控制下生成的。

多巴胺释放时会发生两件重要的事情。第一，多巴胺与多巴胺受体结合，这可以在后突触神经元引起一系列生化和脑电的连锁反应。第二，在最初的反应后，多巴胺分子会被释放它们的神经元重新吸收。多巴胺传送载体（dopamine transporter），或者称为 DAT，是提供运送多巴胺的蛋白质，有时它会受到阻塞而无法正常运转，这样就会导致过量多巴胺在突触周围漂浮。此时多巴胺会被释放它的神经元重新吸收，被重新包装后可能会再次释放，也可能降解成神经元的一部分。这个降解过程是由另一个叫做儿茶酚氧位甲基转移酶（catechol-o-methyltransferase）的蛋白质完成的，我们通常称之为 COMT。也就是说，DAT 与 COMT 在共同调节着多巴胺的释放量。

人类基因组里包含了构造我们体内每一个蛋白质的说明书，DAT 和 COMT 也是蛋白质，因此它们也要在基因编码控制下生成。但是这两种蛋白质的基因序列在不同人的体内有不同的变体形式。DAT 和 COMT 都是大型的蛋白质，COMT 有超过 1 000 个碱基对，而 DAT 有 3 900 个碱基对。在这条 DNA 链中，一个碱基对突变了，一个氨基酸会转变为另一个氨基酸。对 COMT 来说，一个碱基对的突变，使第 158 个氨基酸由缬氨酸（Val）变为甲硫氨酸（Met）。因此我们可能含有两个缬氨酸（Val/Val），也可能含有两个甲硫氨酸（Met/Met），当然，也有可能一样一个（Val/Met）。我们必须要指出的是，Val/Val 个体相对于 Met/Met 有 4 倍的 COMT 活力。DAT 像 COMT 一样，也有两种形式，分别叫做 9R 和 10R。其中 9R 是一种重要的形式，可以帮助降低多巴胺的分泌。

在最近的一项神经成像研究中，德国的认知科学家克里斯蒂安·布切尔（Christian Buchel）探索了大脑活动与多巴胺释放的关系。该实验采取了一项类似圣彼得堡悖论的赌博任务。布切尔招募了 105 名被试，在实验中布切尔用 fMRI 记录被试的大脑活动情况以及 COMT 与 DAT 的工作情况。布切尔发现，当被试较有可能赢得奖金时，他们的多巴胺分泌开始变得旺盛。旺盛程序则取决于被试的基因组合，具有 Val/Val 形式 COMT 的被试及 10R 形式 DAT 的被试，他们的大脑活动未受到赌局的影响。布切尔用人格量表对拥有此种基因类型的被试进行测试，发现这些被试在感觉寻求一项上都取得了高分，也就是说，他们对风险不敏感。

布切尔给了我们一些启示，也许某些基因类型的人由于多巴胺的分泌量偏少，这可能使他们对失败恐惧产生免疫力。我们并不知道上述基因形式是否在艾客身上更为常见，不过随着各种检测手段的普及，也许很快你就可以更好地了解自己了。**如果你是团队的负责人，那么在挑选团队成员时也多了一项参考指标，或许基因的多样性可以大大提升团队的战斗力呢。**

第四部分

Iconoclast

出众的社交商：成功的艾客

07 Iconoclast

善于建立高知名度和好声誉——梵高vs毕加索

艾客代言人

- **巴勃罗·毕加索** 用知名度和好声誉缩小世界的艺术大师
- **雷·克罗克** 第一个向孩子推销汉堡的人
- **阿诺德·施瓦辛格** 用超高熟悉度变身州长的好莱坞硬汉

清醒让你痛苦……唯有爱如故。[1]

《文森特》（*Vincent*）唐·麦克莱恩
Don McLean

① 民谣歌手唐·麦克莱恩献给文森特·梵高的歌曲中的歌词，此曲首句为“Starry Starry night”。——译者注

霍华德·阿姆斯特朗被我们称为艾客，因为他发明了FM广播技术，而当时所有人都认为这是无法实现的。但是，当阿姆斯特朗选择自杀时，他只能被贴上“不成功的艾客”的标签。阿姆斯特朗的失败并不是由于他未能坚持自己的信念，而是因为缺少了一点社交商：他不能向别人兜售自己的想法。严格地说，社交商并不是成为一个艾客的必要因素，但它却能够使艾客以成功者的姿态站在社会舞台上。

规则是用来打破的

社交商可以把叛逆的艾客与大众完美地连接起来，使公众在赞叹他们那种格格不入的创造力的同时，又能接受他们所带来的改变。

在本章中，我们将会讨论社交商的两个重要因素：**熟悉度**（familiarity）与**声誉**（reputation）。需要特别指出的是，这两个影响因素都是通过脑内认知系统实现的。

梵高与毕加索是现代艺术界里的绝对艾客，他们作品的成交价都已达到了上亿美元。梵高的《自画像》与《星夜》，毕加索的《老吉他手》与《格尔尼卡》，都是传世不朽的作品，引领了全新的艺术创作方向。虽然梵高与毕加索在艺术领域都取得了卓越的成就，但是他们在世时的境遇却大相径庭。梵高离世时已身无分文，而毕加索在 1973 年去世时已是拥有 7.5 亿美元的富翁。虽然都是艾客，但毕加索才是成功的那个，至少在他的有生之年，他已经成功了。

规则是用来打破的

对于艾客来说，熟悉度与声誉都是影响他们社交商的重要因素，而这两者本身又无法分隔。

一个人想向社会兜售他的创意，就必须建立自己的积极形象，这就是我们所说的声誉，只有这样才能使人们接受那些原本不熟悉，甚至有些吓人的东西。熟悉度能够帮助建立声誉。无论是熟悉度还是声誉，毕加索都可以轻松驾驭。他通过大量作品使公众熟悉了他的创作风格。梵高一生创作了 900 多幅绘画作品，而毕加索创作了 13 000 幅绘画作品与 300 件雕塑，这使他成为有史以来最多产的艺术家。毕加索作品的艺术魅力固然吸引人，而他英俊潇洒的外表也为他加分不少，因为大众更愿意接受这样一个仪表堂堂的艺术家。毕加索也积极参与社会活动，他同时与不同的社会圈保持接触。而梵高的情况就不同了，他的生活完全是一团糟。1888 年，梵高与好友保罗·高更争吵后精神失常，割下了自己的一只耳朵。

毕加索能够畅快地玩转多个社交圈子，而梵高则连身边亲友的关系都处理不好。梵高生活在自己空荡荡的异世界里。毕加索则认识许多朋友，在他看来似乎整个世界都变小了。

我们的世界有多大，一个最有意义的衡量指标就是一个人找到另一个人的难易程度。在信息化时代，我们可以通过各种通信工具轻易联络到对方，地理距离已经不再重要了。但对梵高来说，他在一个孤独的世界里作画，很少有人认识他，愿意出钱买他画作的人与他有着无法逾越的距离。他与这个世界唯一的连接就是他的哥哥，但这个连接却没能给他带来经济上的帮助。毕加索拥有丰富的社交网络，不但包括艺术家，还有作家、政客等，这使他能够轻易地结识更多的重要人物。

毕加索的一生就是一堂生动的课，这堂课的主题就是如何缩小世界。他的多产让世界对他的作品逐渐熟悉，熟悉度的累积变成了欣赏乃至崇拜，最终为他赢得了声誉。说起来简单，但做起来并不容易，神经科学将为我们揭示熟悉度与声誉的生物基础，并告诉我们如何充分利用社交资源。

六度分隔

人与人之间交流的意义是什么？也许每个人心中都有一个答案。有人更看重情感，而有人则更在意利益。艾客的困苦在于孤立无援，鲜有人同意他们的观点。为了成为成功的艾客，他们就必须与世界建立稳定的联系，哪怕这种联系在一开始是肤浅的。

我们在第 5 章介绍的所罗门 • 阿希不仅仅开创了社会心理学研究的实验范式，他还培养了另外一位具有反叛精神的社会心理学家，斯坦利 • 米尔格拉姆（Stanley Milgram）。在阿希完成从众实验后，米尔格拉姆来到了哈佛大学读研究生，他被分配到阿希的小组担任助手。能够与阿希这样知名的学者共同学习、工作，米尔格拉姆异常兴奋，可是很快他就发现他们的关系不是那么融洽。

在一般人看来，这很理想，导师把年轻的研究生笼络到自己羽翼之下，并通过教育和严格的慈爱将其塑造成独立的研究者。但当时阿希正醉心于他的服从性研究。米尔格拉姆本是性情中人，容易情绪化，喜欢说嘲讽话，他受不了阿希指派的任务，认为是下等活儿，而且也看不惯哈佛大学的官僚作风。当阿希邀请米尔格拉姆帮助编辑他有关一致性的著作时，米尔格拉姆同意了，因为他想为自己的研究生学习筹些钱，同时也有时间做自己的论文。但事与愿违，阿希那本书占用的时间超出了他的预算，而且那本书的致谢部分根本没提到他的名字，这令米尔格拉姆很失望。

虽然米尔格拉姆在那一时期很窝火，但那却是他成长过程中的一个必要阶段。他在那段时间最终确立了自己的研究方向——创建社交网络学。正如米尔格拉姆 1959 年在一封信中所写的，“我感到无精打采，忧心忡忡，而且愤愤不平，充满厌倦。我就是一个小人物，渴望着能赶上一场极权主义运动。”因为米尔格拉姆那时是从一个无名小辈的视角观察世界的，难怪他努力想弄清楚自己怎么沦落到了那个地步。

趁着对纽伦堡审判（Nuremberg trial）记忆犹新，米尔格拉姆产生了把阿希的实验改成以“生－死”为条件情况的想法，以便观察群体是不是不但会带来压力，而且权威人士也能诱导服从性。由此，米尔格拉姆构想出了最著名的社会心理学实验：电击服从实验。

> 实验假设很简单：招募来的被试分成了两人一组，其中的一个当“教师”，另一个当“学生”。只要学生给出的答案不正确，教师就会用电击来“促进学习过程”。这真是一项杰作。实验中，学生是米尔格拉姆的盟友，而电击机器也是假的，真正的被试只有教师。该项实验的真正目的是，看一看人们在诸如米尔格拉姆等权威人士的诱导下，会把陌生人电击到何种程度。实验中，被试确实“狠”到一定程度，他们中有65%把机器的电压开到了致命的最大值，全然不顾学生的惨叫和最终的无声。[①]

米尔格拉姆因这项实验而声名大噪，或者说臭名远扬。他对实验被试的欺骗程度在公众和其他心理学家那里引起了轩然大波。最后，米尔格拉姆实现了他念研究生时就一直渴望的杀手实验，其构思巧妙，结论也无可否认，但他的学术生活却因此出现了危机。他成了一个离经叛道之人。也许正是出于这个原因，他开始了一系列针对社交网络本质的略为温和的研究。

为了研究社会中个体是如何联系在一起的，米尔格拉姆设计了一个巧妙的实验，以解决他口中的这个“小世界问题”。这个实验的本质是要考察社会中两个互不相识的人需要通过多少个人才能形成连接关系。这个实验的结论就是著名的“六度分隔”。

① 要想了解更多关于米尔格拉姆和电击实验的资料，可阅读他的传记《电醒人心》。——编者注

> 首先米尔格拉姆在波士顿找到了一个股票经纪人作为实验的“目标人物”。然后，米尔格拉姆又分别选择了三组人作为“开始人物”。第一组人是通过波士顿的报纸在当地招募到的志愿者。第二组人是在内布拉斯加（Nebraska）通过当地报纸招募到的志愿者。第三组人也在内布拉斯加招募，但他们必须是投资了蓝筹股股票的人。每一组人都代表了不同类别的人，第一组与目标人物同样居住在波士顿，第二组在地域上与目标人物拉开了距离，第三组人则与目标人物的职业有所关联。所有的开始人物都会得到一个包裹和一封任务说明书，说明书中对目标人物进行了详细描述，并要求开始人物设法把包裹直接邮寄给目标人物，如果他不认识目标人物，就把包裹邮寄给一个他认为最有可能认识目标人物的人。

米尔格拉姆通过统计调查发现，只有29%的包裹成功传到了目标人物手中，而这些包裹基本上都通过了4次到6次的传递。米尔格拉姆还发现，随着这些包裹日益接近波士顿，它们倾向于流入“共同渠道”。有一半以上抵达目标人物的包裹都是由相同的两个人转交的。这两人就是米尔格拉姆所说的共同渠道。

这些共同渠道都是些什么样的人呢？其中一人是目标人物老家的服装商人。尽管目标人物在波士顿工作，有许多包裹却寄到了他曾经生活过的地方。虽然服装生意与股票没有任何关系，但这位服装商人却充当了关键的“节点”。通过生意，服装商可以从许多不同的社交圈来了解人。合理的情况是，当包裹到达波士顿附近时，它们应该汇聚到当地社区所关注或联系的人手中。那些人不是艾客，也不可能是。作为受人尊敬、有地位的公民，那些节点构成了地方社会的核心。而艾客会因其个性而把自己脆弱的联系网搞得一塌糊涂。

规则是用来打破的

艾客需要节点，少了它们，艾客就不可能成功。有时，艾客有必要自己来营造更多的节点。

把汉堡卖给孩子

雷·克罗克（Ray Kroc）是一位艾客级的营销专家，他一手把麦当劳从南加州的一个汉堡小店打造成为年收入达200亿美元的跨国集团企业。克罗克1902年出生于芝加哥，他从小就活泼开朗，虽然小小年纪，对于社会交往已是游刃有余。他在叔叔的店铺里打工时就已经意识到“微笑与热情可以征服客人”。后来克罗克尝试了各种不同行业的销售工作，包括咖啡豆、纸制品等。

1954年他遇到麦当劳兄弟时，正在推销一种加工奶昔的机器。克罗克敏锐地意识到麦当劳的潜在商机，于是他毫不犹豫地买下特许经销权,在全国范围内建立麦当劳餐馆。这里还有一个小小的插曲，克罗克与另一位艾客迪士尼曾有机会走到一起。克罗克与迪士尼在第一次世界大战期间有过短暂的会面，克罗克买下麦当劳的特许经销权之后，曾写信给迪士尼，希望能把汉堡店开进迪士尼乐园。遗憾的是这次合作当时没有成功，直到1996年麦当劳才正式进入迪士尼乐园，此时克罗克与迪士尼都去世已久。

虽然与迪士尼的合作没有成功，但克罗克并没有放弃，他深知发掘潜在市场的价值。如果迪士尼不能为他提供帮助，那么他就要创造自己的“节点”。克罗克认为他的客人不应只有成年人，他希望人们会带着家人前来麦当劳用餐，这就意味着吸引儿童。他甚至模仿迪士尼米老鼠形象的启发，创造了罗纳德·麦当劳（Ronald McDonald）这个虚拟人物来引起小朋友的好感。这种做法在当时是非常疯狂的，当时的儿童没有零花钱去汉堡店买吃的，因此传统观点一直认为针对孩子做广告就是浪费钱。克罗克当然不会迷信传统，这样才是艾客本色,事实最终证明他是正确的。在克罗克的管理之下，开心乐园餐和小玩具出现在了麦当劳的餐桌上。克罗克也开创了儿童市场营销的先河。

克罗克对麦当劳的品牌推广绝不仅仅局限于罗纳德·麦当劳这一虚拟人物，他深知创造品牌只是第一步，更重要的是使公众熟悉这个品牌。为了维护品牌的形象，克罗克严格控制加盟门店的管理模式甚至是装修风格，这样消费者无论走到哪里都会看到一模一样的麦当劳，这样一来，公众对麦当劳的熟悉度自然就建立起来了。

大脑对人脸与名字的认知

以往的社会关系研究都假定关系网中人人平等，但事实并不是这样。比如，人人都认识总统。公众人物从这种非对称关系中受益颇多。认识他们的人比他们认识的人要多得多。而**成功的艾客善于培育这种非对称关系网。**

建立广泛社会联系的益处是不言而喻的，而达到目的最有效的途径之一就是提高自己的熟悉度。那些成功的艾客——奇休利、毕加索、克罗克无不精通此道。对于人类来说，熟悉度两个基本的要素是**面部与名字**。我们很容易就可以理解进化过程中面部识别的重要性。人的外观中要属面部的变化最灵活，因为它包含的肌肉种类比身体任何其他地方都多。我们以面部评判一个人的美丑，这种评判是以对称性为标准的。面部还是表达情绪状态的窗口，即使没有任何语言交流，我们依然可以通过人脸获得想要的信息。

人类逐渐学会运用语言之后，视觉信息就不再是对面部识别的唯一途径了。除了面孔本身，我们还会给个体贴上“名字”的标签。尽管在人类的认知系统中，面部与名字是两种截然不同的分类方式，但它们都是促使熟悉度产生的必要特征。对我们来说，面部与名字的记忆应当是匹配的，如果电影中某个演员漂亮的面孔深深吸引了你，但你没有记住她的名字，那么你还是不认识她。这种情况会让人产生一种“话在嘴边却说不出”的沮丧感。这种状态绝对不是一个推销自己想法的艾客应有的。真正熟悉某人需要我们做到一见到本人马上能叫出名字，而一想到某个名字，他的肖像能立即浮现在脑海中。

多年以来，心理学家一直认为面部识别和人名记忆在大脑中是由不同的系统分别负责的。但最近的脑成像研究表明，情绪反应也可以同时影响这两个认知过程。所有灵长类动物都进化出专门负责面部识别的脑区，其中最重要的是一个叫做梭状回（fusiform gyrus）的特殊区域。见到人脸时，这个区域的神经元就会变得兴奋。人脸越熟悉，神经元活动越强烈。心理学家艾达·戈比尼（Ida Gobbini）与詹姆斯·哈克斯比（James Haxby）指出梭状回的活动还受到其他因素的影响。比如，陌生人的脸就比名人的脸更能引发梭状回的活跃性，而亲朋好友的脸也比名人的脸更能引发梭状回的活动。这一现象说明梭状回的活动反映了面部识别的加工深度。陌生人和亲友的面孔都可以得到更深入的加工，但是原因并不相同。陌生人可能是潜在的危险，会引起大脑的警觉，而亲友的面孔则会激活大量的记忆内容。

除了枕颞内侧回，戈比尼与哈克斯比发现，脑内还有其他功能区域与熟悉度相关。这些区域包括扣带皮层（cingulate cortex）与颞上沟（superior temporal sulcus，STS）。扣带皮层可以判断他人的性格特征与精神状态，而 STS 区域则负责识别他人的意图。STS 区域的神经对人脸的物理形态特别敏感，尤其关注面孔和眼神朝向什么方向。苏格兰心理学家戴维·佩雷特（David Perrett）长期从事猴子脑内 STS 区域神经的研究，对 STS 曾有一句精妙的描述：STS 的神经元告诉我们他人的注意力指向何处。

戈比尼与哈克斯比认为，如果个体的目光不直视对方，那么对方 STS 区域就会认为他目的可疑，从而影响两者的社交关系。

规则是用来打破的

无论是正性情绪还是负性情绪都会增强熟悉度，但正性情绪会使个体更加愿意亲近某人，而负性情绪则让人想躲得远远的。成功的艾客当然是要利用正性情绪。

另外，情绪对人脸识别的影响还要受到杏仁核的调控。神经心理学家拉尔夫·阿道夫斯（Ralph Adolphs）、丹尼尔·特兰内尔（Daniel Tranel）与安东尼奥·达马西奥（Antonio Damasio）在一项研究中找到了 3 名杏仁核受到物理损伤的病人。他们给这 3 位病人展示陌生人的肖像，然后要求他们判断这些陌生人是否值得信任。他们发现这 3 位病人总是更愿意相信图片上的陌生人，他们对陌生人的信任度要比健康人对陌生人的信任度高得多。

加州大学的神经科学家戴维·阿马拉尔（David Amaral）研究了猴子脑内杏仁核损伤的情况，他认为杏仁核对于危险情况极为敏感，只要认为环境中存在不安全的因素，杏仁核就会“踩刹车”，强行终止个体与外界的互动交流。这就解释了为什么杏仁核受到物理损伤的病人对陌生人出现如此高的信任感。由于杏仁核的功能受损，个体失去了对潜在危险因素的防范能力。

既然面部识别是如此重要的判断依据，那么我们有理由相信，种族歧视也与面部识别功能有关。想要成为成功的艾客，就必须要警惕这种情况，并设法让杏仁核冷静下来。社会心理学家伊丽莎白·费尔普斯（Elizabeth Phelps）长期致力于研究种族偏见的神经生物学基础。在一项脑成像研究中，费尔普斯专门选择了高加索人（Caucasian），即所谓的“欧洲人种”或“白色人种”作为被试。实验中，被试面前会呈现一系列人脸图片，包括高加索人与非裔美国人。图片中的人物均为男性，短发，并且服装相同。

费尔普斯发现，相比高加索人，非裔美国人更能引发被试杏仁核的活跃性。接下来费尔普斯又招募非裔美国人作为被试操作相同的实验，结果发现非裔美国人在看到高加索人时，杏仁核也格外兴奋。费尔普斯认为这种兴奋表示杏仁核在工作，即认为外界有潜在的危险。由此可见人类的种族歧视存在一定的生物基础，即便整个过程都是我们在无意识状态下进行的。

规则是用来打破的

对于艾客来说，需要想办法降低不同人群在见到他时杏仁核的活跃程度，最有效的办法就是增强自己的熟悉度。

阿诺德·施瓦辛格（Arnold Schwarzenegger）凭借自己超高的熟悉度在加州进行了立法改革。施瓦辛格 1947 年出生于奥地利，从小他就表现出了极其叛逆的性格。“那个时候，到处都在强调服从性，但我对此却不以为然。虽然总是有人对我说，‘你不能那么做！’我的回答永远是，‘不会太久了，总有一天我会离开这里，我要变得富有，我要变成大人物。’”施瓦辛格对外表更是格外重视，他说，“你看起来越强大，给人的印象越深刻，那么其他人就越有可能接受你。”

一开始我们无法把施瓦辛格同政治联系在一起，但是他的名气，以及家喻户晓的电影《终结者》，使他以共和党人的身份成功当选加州州长。施瓦辛格上任之后仍不按常理出牌，他积极促进干细胞研究，为儿童健康建立保险体系，政治路线已远远偏离了共和党的意识形态。虽然桀骜不驯却赢得了大众的广泛好评。如果不是美国宪法第二修正案要求美国总统必须由出生在美国的人担任，也许施瓦辛格还会当选美利坚合众国的总统。

我们如何被熟悉度征服

2004年11月，《滚石》杂志评选出了历史上最伟大的500首歌曲。在榜单中，鲍勃·迪伦（Bob Dylan）的《像一块滚石》（*Like a Rolling Stone*）名列第一，这首歌实际上只有5个音符，大量的重复片段支撑了整首歌曲。但这并不能阻挡摇滚爱好者对这首歌的喜爱，很多人在听到5个音符之后就能立刻认出这首歌。当然，这首歌得到的重视可能有些过火，但在过去的50年里，它一直高踞各种摇滚乐排行榜。人们可能会对这首歌的好处以及为什么长盛不衰而争论不休，是因为它的歌词充满愤懑之情，还是因为它简单易记的重复乐段。不管怎样，这首歌已经家喻户晓了，这一点足以捍卫它在流行音乐殿堂中的常青树地位。人类的大脑就是喜欢已经熟悉的事物，这种熟悉度正是成功艾客应当追求的。无论对错与否，人们都愿意在熟悉的事物上花钱。

20世纪60年代，密歇根大学的心理学家罗伯特·扎伊翁茨（Robert Zajonc）通过一个精巧的实验向我们展示了熟悉度是如何促使我们产生喜爱情绪的。

> 在实验中，被试坐在电脑前观看一些绘有不规则形状的图片，图片在屏幕上呈现的时间非常短，被试的大脑根本没有时间处理图片的具体内容，他们只能看到屏幕快速地闪动。观看结束后扎伊翁茨重新向被试展示一些图片，然后针对每张图片提出两个问题：第一，他们刚才是否看过这张图片；第二，他们是否喜欢这张图片。

扎伊翁茨发现，很多被试喜欢那些刚才已经快速展示过的图片，尽管他们不记得自己曾看过。扎伊翁茨将这种现象称为“曝光效应”。

很多经济学家对曝光效应极为感兴趣，一系列商业领域的数据表明曝光效应确实存在。哥伦比亚大学的古尔·休伯曼（Gur Huberman）认为曝光效应在金融市场也起作用。他发现投资者更加信任那些他们熟悉的公司。比如投资者是投资贝尔南方（BellSouth）[①]还是纽约电话公司（NYNEX）基本上取决于他们居住在哪儿。休伯曼还发现，投资本地贝尔南方分公司的人比投资非居住地分公司的人多了 82%。从经济学角度来看，这种做法是不理智的，为什么本地分公司就会比其他分公司业绩更好呢？贝尔南方的各家分公司都在纽交所上市了，投资者买哪家的股票都一样方便。不过这种熟悉度引起的地域偏见始终都存在。

熟悉度增加了个体对事物喜爱的可能性，因为熟悉的事物使我们感觉更加舒服。对于艾客来说，在古怪的想法与熟悉度之间架起桥梁是困难的，而其中的窍门就是要使受众对他的想法感到舒服。熟悉的事物并不一定使我们感到愉悦，只是不熟悉的事物会因潜在的危险性引起人们的警惕，因此熟悉度可以驱散受众的不安，冷却杏仁核。

艾客可以选择很多方式来推销自己，以增加熟悉度。提高在公众面前的曝光率不失为一个好办法，施瓦辛格就是最好的例证。像毕加索与奇休利那样多产，也可以让大家不断接触艾客的思想，从接受最终变为欣赏。

① 一家起步于美国南方乔治亚州亚特兰大的电信公司。——译者注

熟悉度的问题我们谈了很多，不过想把自己的点子卖出去，光有熟悉度是不够的。下面我们就来看社交商的第二大因素：声誉。

影子网络

米尔格拉姆邮寄包裹的实验方法非常有趣，今天看来却有些过时了。除了节日里的明信片，我们几乎已经不再使用寄信的通信方式了。电子邮件等现代通信技术充斥着我们的生活，那么我们想知道，现在人与人之间的间隔是否也只差了 6 封电子邮件呢？

2003 年，哥伦比亚大学的邓肯·沃茨（Duncan Watts）教授做了一项实验，我们可以称为数字版的米尔格拉姆实验。

> 沃茨首先建立了一个网站，志愿参加实验的人可以免费注册。98 847 名志愿者随机分配到了一封电子邮件，任务是把邮件发向 18 名目标人物之一。尽管有将近 10 万人参与实验，有数据记录的关系链只有 24 163 个，其中只有 384 个关系链最终连通了目标人物，有效完成率只有 1.6%。沃茨根据这 384 个成功的关系链估算出参与者与目标人物的间隔是 4 或 5，当然这个数字只能代表邮件成功到达目标人物的情况。将不成功的情况算进来，沃茨估算大概间隔会达到 7 以上。这个数字似乎比米尔格拉姆的结论还要大，不过这次的目标人物超出了一国范围，难度也更大了。另外，沃茨并没有找到米尔格拉姆所说的共同渠道，他认为个体在社会中处于平等的状态，不存在小部分人是其他人“节点”的现象。

从表面上看，这对艾客来说是一个好消息，有许多条路径都可以连通特定个体，那么具体用哪一条就没那么重要了。但是这个结论没有考虑到起始人物的因素，好朋友、好搭档发来的邮件肯定比一个20年没联系的校友发来的邮件更重要。而陌生人发来的邮件几乎没有价值。沃茨的研究也没有重视信息传递中的磨损率。2003年虽然垃圾邮件还没有达到泛滥的程度，但大部分收件人已经开始使用过滤邮件的功能，造成关系链的中断。让我们假设任意一个收件人向下传递信息的概率是50%，6次传递之后关系链仍然没断的概率是1.56%，与沃茨的结论非常接近。你是否又有一种在抛硬币的感觉了呢？

康奈尔大学的计算机科学家乔恩·克莱因伯格（Jon Kleinberg）通过数学算法模拟人类的社会关系网络。克莱因伯格认为，一个个体不但了解自己身处其中的小世界，他还会了解这个小世界中的成员是否与其他小世界有联系，克莱因伯格称为“影子网络”。换言之，我们的心中都有一份名单，上面明确地标注了谁认识谁。

在世界上第一个开源操作系统Linux的研发过程中，影子网络就发挥了极其重要的作用。故事起源于1991年，芬兰计算机学家莱纳斯·托瓦兹（Linus Torvalds）在comp.os.minix发表了一则消息：

> 我正在为386构架的计算机开发一个免费的操作系统（仅仅是一个爱好，并不是我的职业），从4月起我就在酝酿这个想法，现在已经完成了基本架构。我希望大家针对minix系统多提反馈意见，因为我开发的系统在某些方面与minix很像。

Minix是功能强大的UNIX[①]的迷你版本，它只需占用很小的内

① UNIX操作系统，是美国AT&T公司于1971年在PDP-11上运行的操作系统。——译者注

存，并且兼容IBM的PC机。在minix新闻组里的成员，绝大部分都是专业的程序员，甚至还有一些计算家专家，他们很快对托瓦兹的计划产生了浓厚的兴趣。托瓦兹的公开呼叫得到的回复并不多，但他很清楚别人在开发什么，所以不会从零开始去搞发明。这时克莱因伯格的影子网络就发挥了作用。USENET讨论组开发了一种网络，可以像地图一样呈现其他人的工作，更重要的是，你可以通过该网络找到能提供大量计算机代码的人。

Linux的诞生故事还有一个有趣的地方，那就是USENET如何为早期的黑客提供彼此沟通的网络。因为Linux是在开放环境中创造出来的，所以每个人都能看到其他人的贡献。程序代码都带有编写者的标签。网络不但实现了自我创造，而且人们也因此创造了历史。这一点引发了社交商中的另一个关键因素：**声誉**。

公平交易

尽管人类总是依靠熟悉性进行判断，但这并不是影响社交网络的唯一因素，人和人之间强有力的联系莫过于信誉了。

埃默里大学的灵长类动物学家莎拉·布鲁斯南（Sarah Brosnan）与弗兰斯·德·瓦尔（Frans de Waal）做了一个非常著名的实验，结果发现卷尾猴对于不公平事件也极为反感。

> 布鲁斯南与瓦尔首先教会了卷尾猴使用代币交换食物，但任务中使用的代币是一块花岗岩石头。每个猴笼里都会放置一块代币，然后布鲁斯南站在笼子前摊开双手，掌心向上，如果

猴子在60秒钟之内把代币递给她，那么布鲁斯南立即给予食物奖励，可能是低价值的食物（一小片黄瓜），也有可能是高价值的食物（一颗葡萄）。食物交换的过程是完全公开的，所有猴子都可以看见彼此的活动。

在卷尾猴学会用代币交易之后，布鲁斯南开始对某些猴子给予特殊照顾，她没有索要代币而是直接把葡萄递给了一些猴子。接着有些未受特殊照顾的猴子拒绝参加下一轮的交换活动。布鲁斯南对比不公平事件前后的交易率，发现猴子参与交换食物活动的概率直线下降。

连猴子对于不公平事件都有如此强烈的反应，那么我们有理由相信此种反应在人类大脑中更是根深蒂固。尽管在某些特殊的场合中，不公平性亦可为艾客所用，不过艾客在编织自己的社交网络时应尽量秉持公平正直的信念。最近的神经成像研究已经发现了人类大脑是如何对公平做出反应的，这些反应直接决定了个体是否信赖另一个人。

在经济学领域有一个关于公平的经典游戏，叫做最后通牒。游戏的两个参与者互不相识，他们可以得到一笔钱，但是要两个人分。第一个人提出一个分配方案，如果第二个人同意这个方案，那么二人马上就能得到自己那部分钱。如果第二个人不同意分配方案，那么谁都不能得到一分钱。尽管看上去游戏结果完全取决于第二个人的决定,但真正的决定因素却是第一个人的方案是否公平。根据统计，如果第一个人试图拿走85%以上的钱，那么最后的结果肯定是一拍两散。虽然从纯经济的角度看，第二个人的拒绝是不理智的，拿多少钱都聊胜于无,但人类对于不公平行为就是不能容忍。研究者发现，游戏者面对不公平的分配方案时，他们的前脑岛（anterior insula）变得格外活跃。个体的前脑岛越活跃，他拒绝第一个人分配方案的可能性也就越大。

具有重要意义的是，人们会选择不要钱，以此惩罚他人的不良行为。在最后通牒游戏中，参与者彼此并不了解。但因为我们有源自小团体的进化传统，所以我们具有互惠假设——生物的黄金法则。我们的大脑对于公平很敏感，因为公平的问题会萦绕在我们心头，挥之不去（在古代的小群体中可能就是这样）。对于任何社会交往，有效的策略都是假设你们日后会再次相遇，而且对方会记住你过去的行为。相对而言，人类的记忆力很好，寿命也长，因此比起短期的私利，公平交往最终进化为更具适应性的策略。

声誉的演化

艾客在试图将自己的观念传递给大众时，可能会被误认为是兜售万金油的。只要是意料之外的事情，我们的大脑都能抓取。大脑中的杏仁核就是一部雷达，专门负责监测潜在的威胁。它的生物排外性如同探测器中一触即发的扳机。杏仁核对此很拿手，但却不是天生就如此。信任和不信任都是后天学会的反应，它们都基于个体的过去经验。做过杏仁核摘除手术的病人在某些心理学实验中表现得更信赖他人，但艾客不能指望投资者的杏仁核在睡大觉，而开出空头的安全承诺。打开信任之门的钥匙就是声誉。

沃伦·巴菲特（Warren Buffett）有句名言说得好，“声誉要20

年才能建立起来，但5分钟就能毁掉。如果你做事情时能考虑到声誉，那么你会有所不同的。”巴菲特的声誉如日中天，其本身就是一笔财富。当传言巴菲特将某家公司加到伯克希尔哈撒韦公司（Berkshire Hathaway）的持股名单上时，该公司的股票立刻一路飙升。巴菲特多少都会坚持运用本杰明·格雷厄姆制定的投资估价法，其他的逆向投资者，如大卫·德里曼和比尔·米勒也在继续使用该方法，而巴菲特的成就无可争议。巴菲特的独到之处在于他敢于坦言。他的致股东信清楚明了，堪称典范。伯克希尔哈撒韦公司因2005年的飓风遭受了高达34亿美元的保险损失，事发之后，巴菲特回应了投资者对是否应继续做灾难险的疑问。“对于那些最重要的问题，我也不知道答案是什么，但我们知道，无知就等于走帕斯卡在上帝是否存在的著名赌注中制订的路线。我们可能还记得，他的结论是，尽管他不知道答案，但他个人的获益/损失比已经做出了肯定的结论。”这就是巴菲特说话的高明之处，他假设了最糟的情况，并把灾难险的价格定得比较高。

巴菲特的声誉很值钱，因为人们信赖他。从达尔文主义的角度可以很容易理解，为什么说声誉和信任已进化为高度有价值的特征。让我们设想一个由自私动物构成的世界。那些动物极好地体现了亚当·斯密（Adam Smith）所谓的自私个体。它们中的每一个都遵循着达尔文的自然选择原则和性别选择原则，它们关心的主题就是寻找食物和交配对象。在寻找食物方面，自私对于它们倒是很有用，尤其是需要与其他动物进行竞争时。

但让我们假设有两只动物聚到了一起，并同意分享找到的食物，那么会发生什么。只要它们彼此信赖，那么结成合作关系的动物一定会在生存竞赛中活得更好。事实上，进化确保了动物注定会发现这样的合作关系，因为这种关系优于绝对自私的生存策略。但事情并不是一帆风顺。让我们假设一个由此类友善动物组成的群体，它们愿意彼此合作，共享食物和居所。这种善意会让狡诈之徒钻空子，它们会利用对方的信任。在单纯的信任文化中，进化开始偏向善于欺骗其他成员的动物。合作与欺骗之间的最终平衡就是所谓的进化稳定策略。这意味着任何社会都混杂着合作和欺骗。正因为有欺骗的可能存在，合作才显得有价值。

这样的社会如何对付害群之马呢？他们会受到惩罚。但惩罚是代价高昂的，这么做等于号召社会的个体成员为了公共的利益而做出利他的行为。近来的神经经济学实验告诉我们，为什么在社会中建立合作关系就一定需要有惩罚的存在，而且惩罚是有价值的。

规则是用来打破的

对于艾客而言，重要的是要提防我们大脑中存在的生物机制，大脑会检测什么是社会接受的行为，什么是不接受的行为，这些机制起到了过滤潜在欺骗的作用。

伦敦政治经济学院（London School of Economics）的经济学家贝蒂娜·罗肯巴克（Bettina Rockenbach）做了一项重要的实验，以研究人们彼此信任是由什么决定的。她让个体参与了一个有关公共财产的游戏。该游戏要求参与者向公共基金注钱，公共基金里的钱会累积收入，然后再分配给参与者。公共基金越大，每个人得到的钱越多。但游戏中存在着自私的刺激，即参与者可以搭顺风车。即使参与者不投钱，他也能从公共基金的收益中获利。每一轮实验开始之前，参与者都可以选择是否对搭顺风车者进行惩罚。

起初，大多数参与者都选择不惩罚——乌托邦式的想法。但几轮之后，超过 70% 的参与者都要求实验要有惩罚，而不管惩罚实际是否执行。通过仔细观察，罗肯巴克发现，只有少数个体成为了社会核心并惩罚他人，他们建立并巩固了合作文化，之前不合作的个体也被吸引进来。罗肯巴克的实验把巴菲特有关声誉的评论推进了一步。这项实验从另一个层面展现了谁创建了“影子网络”的重要性，即哪些人构成了社会的核心。我们的工作首先要指向他们，或与他们有直接联系的人。这就是阿姆斯特朗最终失败的原因。他过去的朋友大卫·沙诺夫是 RCA 的总裁，也是无线电行业最重要的人物。当阿姆斯特朗与沙诺夫交恶之时，他就失去了与沙诺夫的联系，他在沙诺夫心目中的声誉也因此受损，而后者却能让他的人生彻底不同。

建立社交网络

正像我们在本章中看到的，落寞英雄想要变身为成功艾客需要大量普通人的支持，雷·克罗克与阿诺德·施瓦辛格之所以能够取得成就，除了才华出众以外，更是因为他们成功地与普通人打成了一片。成功艾客不能坐等世界自动接受他的奇思妙想，而是要主动去征服那些原本不同意他的人。

规则是用来打破的

就算是成功的艾客，他脚下的路也并不是坦途，阻力与压力都是可想而知的，但他们最终却可以利用社交商说服公众。

他们说服公众的能力甚至已经超过了自身的创造力。**成功兜售创意的关键就是建立社交网络，而建立社交网络的最基本方式就是提高熟悉度，维护良好声誉。**

在建立社交网络的过程中，一个无法回避的问题来自人类大脑中的杏仁核。除了做出恐惧反应，杏仁核对陌生的事物也非常敏感。对大众来说，有时候艾客就像外星人一样古怪不可捉摸，这会导致大多数人的杏仁核活跃性增强，从而唤醒其他神经功能系统，最后的结果就是大家会回避不熟悉的观点和创意。

规则是用来打破的

征服其他人杏仁核的最好办法就是提高自己的熟悉度。成功的艾客无不是在熟悉度的光环之下冷却了公众的杏仁核。

克罗克创造了罗纳德·麦当劳这个形象来开发儿童市场，利用的就是孩子们对小丑的熟悉感，否则，针对无可支配收入的儿童做市场营销的想法实在太荒谬了。阿诺德·施瓦辛格在好莱坞已经赚足了眼球，他通过一个个生动的电影角色不断地与人们进行交流，这也为他从政铺平了道路。

除了提高熟悉度，艾客还需要注意保持良好的声誉，这是影响建立社交网络的另一社交商因素。尽管在今天全球化的趋势愈发明显，但漫长的进化过程使人类大脑对社会交往的认知一直停留在很小的范围内。我们的社会交往活动都依赖这样一个假设：我们的角色在某天会发生改变，今天的付出就意味着明天的回报，凡事都要给自己留有余地。正如沃伦·巴菲特所说，赢得良好的声誉需要许多年，而毁掉它几分钟就够。

规则是用来打破的

成功的艾客要像毕加索一样把世界缩小，千万不要学梵高。

第五部分

Iconoclast

超越个体的艾客精神

08 Iconoclast

成功策划“私人太空之旅”——单打独斗vs分工协作

艾客代言人

▶ **伯特·鲁坦**	独辟蹊径，将“太空船一号”送上太空的工程师
▶ **彼得·戴曼迪斯**	无惧失败，开启私人太空之旅的投资者
▶ **瑞达·安德森**	探索未知，以69岁高龄飞向太空的老太太

未知的空间需要人类去探索，那里有月球以及其他行星，那里有知识与和平的新希望。因此，无论这最伟大的冒险有多少艰难险阻，我们都会祈求上帝保佑，然后勇往直前。

约翰·肯尼迪
John F. Kennedy Jr.

对我们来说宇宙飞船似乎有些陌生，我们看到它通常不是在现实生活中，而是在影视作品里。在我们的印象中，这个庞然大物有点遥不可及，因为它复杂的构造绝不是普通飞机所能比拟的。实际上，得益于碳复合材料的应用，现代航天飞机已经变得非常小巧，很难想象它们轻得与赛斯纳飞机（Cessna）[①]差不多。但宇宙飞船可以飞到9万多米的高度，超越大气层的边缘。

千百年来太空一直都是神秘的，当宇宙飞船实现人类的梦想之后，大众也开始蠢蠢欲动，许多人都想“过把瘾”。每年一度的X奖杯（X PRIZE cup）博览会就是一个实现梦想的平台，嗅到商机的资本家试图寻找新的盈利点甚至把它发展成为新的产业；航天工程师则试图推销自己的设计，把蓝图变成真正的商业产品；更多的人则是航空爱好者，这些人从来都是《星际迷航》（*Star Trek*）的忠实粉丝，阿姆斯特朗的月球漫步也曾在他们的孩童时代留下不可磨灭的

① 美国赛斯纳飞机公司是全球著名的飞机制造商，主要生产小型通用飞机。——译者注

印象。虽然人到中年，但他们对太空旅行的渴望从未减弱。博览会上所有人都在向一个目标进发：把普通人送上太空。

对于绝大多数人来说，上太空是一个疯狂的想法，那些参加X奖杯博览会的人都是疯子。地球上尚有许多难题未解决，为什么要花这么大一笔钱在太空呢？自有航天计划的第一天起，这个问题就一直伴随着许多人。但是这些想上太空的疯子们，为我们提供了极好的艾客研究案例，每一个故事都为我们展现了艾客最为重要的3个特质：**与众不同的视角、控制恐惧情绪的能力以及高超的社交商。**

艰难的挑战

想要进入太空，只有热情是不够的，最重要的其实是手中的支票。目前太空旅游的市场价格大约在2 000万美元左右，这可不是普通人能够承担的。罗伯特·比奇洛（Robert Bigelow）是一个疯狂的太空爱好者,他把自己的巨额财富都投入到了低轨道(low-Earth-orbit）太空旅行的市场化之中，为此他在1999年成立了专门的比奇洛航天公司（Bigelow Aerospace）。他的故事让我们想起了百年之前亨利·福特的话：只有战胜了对失败的恐惧才有可能成功。理想虽然远大，但摆在面前的现实困难也着实令人头疼。

我们首先碰到的难题就是飞行所用的燃料。地球上的万物都无法逃离地心引力，除非能够绕着地球高速旋转。想要维持这种高速，物体必须处于大气层之外，否则空气阻力会把它烧成灰。只有在150千米的高空，空气阻力才足够小。要想达到这个高度，物体的运动时速至少要达到每小时 2.8 万千米，这么惊人的速度必须有足够的燃料做保证，这成为困扰设计者的难题。

我们对火箭并不陌生，它就是一个巨大的管子，利用牛顿第三运动定律向反方向释放了巨大推力，从而凭借反作用力升上太空。1887 年，牛顿定律提出 200 年后，一名俄国教师康斯坦丁·齐奥尔科夫斯基（Konstantin Tsiolkovsky）就提出了最初的火箭模型，他认为只有三个因素决定火箭的最大飞行速度：第一，火箭燃料的喷气速度；第二，火箭燃料的重量；第三，火箭自身的重量。为此，齐奥尔科夫斯基提出了多级火箭的设想，从尾部最初一级开始，每级火箭燃料用完后自动脱落，同时下一级火箭发动机开始工作，使飞行器继续加速前进。但多级火箭的设计过于复杂，各级衔接很容易有安全隐患，因此单级入轨（SSTO）飞行器才是民用的最佳选择。在齐奥尔科夫斯基提出的三点中，前两个因素都涉及燃料的属性，直到现在化学家也没能取得多少实质性进展，倒是第三个因素成为了艾客的突破口。

独辟蹊径的工程师

在航天工业领域，有一个人不得不提，他就是伯特·鲁坦（Burt Rutan）。长久以来，NASA 都认为航天飞行器的发展方向只能是研发更强、更大的发动机。但鲁坦却一直将注意力放在应用材料领域。他坚持认为，轻型飞行器才是未来航天业的希望。

从 1970 年设计 Sideburns-Elvis 飞行器开始，鲁坦在航天工业领域取得了一系列辉煌的成就。他创办的缩尺复合材料公司（Scaled Composites）曾经在连续 90 个季度实现盈利，这是航天工业里闻所未闻的佳绩。30 年来，他的公司发布了 34 种机型，并且从来没有在试飞过程中出现过重大事故。20 世纪 80 年代，鲁坦设计建造的航行者号（Voyage）飞机曾连续 9 天不着陆、不加油地环地球飞行，这是航天史上的第一次。

2003 年，鲁坦对外公布了他的“太空船一号”计划（Tier One）。这是一项非常神秘的计划，开始于 1997 年，公司之外几乎无人知晓。在这项计划中，鲁坦开始向超音速发起挑战，他希望新的飞行器能在 1 分钟之内可以加速到 3 倍音速。这个想法过于疯狂，就连公司内部的人也觉得这次鲁坦太超前了。但是对鲁坦而言，进入太空只是第一步，还有更伟大的冒险在等待着他。他人的担忧在鲁坦眼中却是一个机遇。

鲁坦在加利福尼亚一个沉闷的农业小镇迪努巴（Dinuba）长大，那里因盛产葡萄干而闻名。鲁坦的父亲是位牙医，但鲁坦从小就对飞机产生了浓厚的兴趣，在大学里选择了航空工程学专业。毕业后在空军基地任试飞工程师。他在那里工作了 7 年，之后选择离开以成就自己的事业。他建立了鲁坦飞行器工厂（Rutan Aircraft Factory），专门从事飞行器的设计，并向外销售他的设计。

鲁坦相信只有通过试验才能设计出质量一流的飞行器，他认为“试验会导致失败，而失败会加深我们的理解”。鲁坦在 20 世纪 70 年代末实现了重大突破，他找到了用玻璃纤维条制造飞机构件的简便方法。有时候一件事可能改变你对另一件事的视角，鲁坦的情况就是典型的例子，他的灵感来自看似风马牛不相及的领域——冲浪。

20 世纪 60 年代的冲浪板制造者放弃了木材，转而选择覆盖了玻璃纤维的泡沫，鲁坦把这种技术用到飞机上。使用泡沫，他可以切割出更光滑、更符合空气动力学的形状，这一点是木材和铝比不了的。鲁坦把玻璃纤维覆盖到泡沫之上，由此制造出轻而结实的机翼和机身。1982 年，他成立了缩尺复合材料公司，为空军和 NASA 设计并制造雏形机。

最初几年，鲁坦的缩尺复合材料公司在业内一直默默无闻。直到 1986 年，鲁坦的哥哥作为飞行员驾驶鲁坦设计的航行者号完成了那次著名的环球飞行，他的公司才崭露头角。到 20 世纪 90 年代中期，公司雇员已经超过 100 人，鲁坦手中也握有大量的政府及民间公司的订购合同。鲁坦并没有满足于眼前的成绩，他开始追逐下一个目标——“太空船一号”计划。考虑到风险性太大，鲁坦也不愿意分散公司资源，所以“太空船一号”计划一直都只是鲁坦笔记本里的几笔草图而已。

“太空船一号”计划的成功完全来自于鲁坦的智慧，他采用了绝对反传统的方法来实现设计上的突破。鲁坦大幅地改变了机身尾部的设计，使飞行器可以像羽毛球一样头朝下飞行。这种设计使飞行器变得更加轻巧，解决了飞行器重返大气层时重力大、温度高的问题。

火箭由同样神奇的鲁坦飞行器带到 15 000 米的高空。那是一架名为“白色骑士”（White Knight）的细长飞行器，其机身悬吊在纤巧的机翼之下。火箭及其驾驶员悬在机身中部的下面，伸向两侧的机翼使整个飞行器看起来活像一只螃蟹。脱离“白色骑士”后，火箭驾驶员将用一个按钮装备引擎，用另一个按钮点火。机舱里没有节流阀。

直到2003年，鲁坦才正式宣布了他的计划，并展示了他设计的杰作：“白色骑士”母机以及“太空船一号”飞行器。美国联邦航空管理局（Federal Aviation Administration, FAA）和五角大楼也只是在两周前才得到照会，对此鲁坦特意强调了政府完全没有参与。他在新闻发布会中说道，“之所以人们会说飞向太空太过昂贵，那完全是拜政府所赐。我们不想让他们知道，他们的帮助只会带来麻烦。”2003年12月，微软的创始人之一保罗•艾伦（Paul Allen）也作为这项计划的幕后资助者现身，而此时名为“太空船一号”（SpaceShipOne）的火箭已在测试方面取得了多项里程碑式的成就。

2004年5月，太空船一号飞到了65千米的高空。2004年6月21日，太空船一号历史性地飞到了太空的边缘。同年9月29日，太空船一号终于进入了太空，但是当它脱离母机，启动发动机的32秒后，飞行器却突然进入螺旋飞行状态，以这种状态重返大气层会超过飞行器能承受的重力极限，导致解体。幸运的是飞行员在返航前重新控制住了飞行器。尽管鲁坦对飞行器进行了周密的安全设计，但在3.5倍音速的高速之下，哪怕一点点偏差都会造成无法估量的后果。这件事提醒我们，人类征服太空的旅途中处处潜藏着风险。

规则是用来打破的

娇气的人要靠边站了，只有真正的艾客才有资格接受挑战。

无惧失败的艾客

想要把太空旅游作为一个新兴的产业发展起来，仅有优秀的工程师是远远不够的，敢于投资的资本家、勇于尝试的旅行者，这些都是促成产业发展的必要因素。只有产业的所有环节都发展成熟了，政府及大众才会真正认识到，太空旅行对于普通人来说并不是遥远的梦。但是，面对太空旅行这样一个新奇活动，冲在前线的艾客们不仅要发挥自己的聪明才智，还必须直面恐惧。

论及私人太空飞行领域，不得不提到彼得·戴曼迪斯（Peter Diamandis），他可是一名不折不扣的艾客。戴曼迪斯于 1994 年创立 X 奖，旨在激励太空旅游业的发展。其实，戴曼迪斯创立 X 奖的灵感来源于一位富豪雷蒙德·奥泰格（Raymond Orteig），他在 1919 年提供了 25 000 美元的奖金，奖励第一个能从纽约飞到巴黎且中途不着陆的人。直到 1927 年，查尔斯·林德伯格（Charles Lindbergh）才完成了这项任务拿到奖金。戴曼迪斯意识到这个奖项主要是一种象征。至少有 9 队人马竞争奥泰格奖，为此共花费了 40 万美元。

竞争催生了现代太空产业及最终的太空旅行，而获奖倒是次要的。正如戴曼迪斯所言，美国乘坐飞机的人数从 1926 年的 5 782 人次升至 1929 年的 173 405 人次，他认为，公众对航空旅行便利性的认识比任何技术突破都更为重要。这是一个令人震惊的典型，它向我们展示了艾客们如何实现当时被认为无法做到的目标，并摇身成为偶像，比如林德伯格。与此同时，他们也改变了公众的观念，扫清了行动的第一道障碍。

林德伯格驾驶的“圣路易精神号”（Spirit of St. Louis）触动了戴曼迪斯，于是他创立了X奖，以奖励第一个私人制造的载人太空飞行器（此处的太空指高度100千米）。虽然设立奖项的精神很相似，但X奖却一直不太为大众所熟悉。1927年，没有人能做到横跨大西洋的不间断飞行，于是奥泰格奖向这一目标发出了挑战。而X奖多少有些不同，因为在1994年大家都已知道人类早已能进入太空。而X奖的目标是把普通人送入太空。虽然这个奖项在太空业圈内广为人知，但戴曼迪斯却用了10多年的时间才让大众熟悉X奖。2004年，伊朗裔的企业家阿米尔（Amir）和阿努谢赫·安萨里（Anousheh Ansari）捐了几百万，还有几家公司捐了几百万，这使得X奖的奖金一下子涨到了1 000万美元。

戴曼迪斯的动机就是想挑战那些被认为是无法完成的任务，然后通过竞争来鼓励冒险。在谈到对失败的恐惧时，戴曼迪斯说，“我们这个国家的人总是回避风险，这让我们无法取得新的突破。”他告诫企业家和风险资本家：“你们必须主动站出来承担风险，因为政府与大公司都做不到。政府不能出现任何差错，否则就要遭受议会的调查；而大公司不能忍受股价下跌的折磨。”

戴曼迪斯并没有忽视私人太空旅行的风险，只是他认为并不能因为存在风险，人类就举步不前。“敢于冒险的只有这最后一群人了，这些人说：‘我不能不去做！这是我的梦想！如果我不去做，就再没有其他人会去做了。’这就是我创办X奖项目的原因。这就是我们的本质，我们是梦想家，也是实干家。我们是一群不冒险就会死的哺乳动物。”

在戴曼迪斯的号召下，太空冒险（Space Adventures）、X空间（SpaceX）、火箭飞行器（Rocketplane）、追星人工业（Starchaser Industries）、梦想空间（Dreamspace）还有维珍（Virgin）等公司纷纷向太空发起了挑战，他们希望能够成功复制IT行业的成功。事实上，他们中很多人就来自IT行业。约翰·卡马克（John Carmack），多款著名3D游戏的编写者，投资研发垂直起降的登月飞行器。埃隆·马斯克（Elon Musk）在1999年投资创立了X.com公司，致力于网络金融服务，也就是贝宝（PayPal）的前身，2002年这家公司被eBay以15亿美元的高价收购。马斯克用这笔钱投资了X空间龙（SpaceX Dragon）项目，致力于研发可以重复使用的太空飞行器。维珍公司的CEO理查德·布兰森（Richard Branson）与鲁坦合作研发了第一台真正的商业载客太空飞行器，“太空船二号”（SpaceShipTwo）。亚马逊公司（Amazon）的CEO杰夫·贝索斯（Jeff Bezos）直接投资建立了一家太空飞行器公司蓝色起源（Blue Origin）。

当然，IT行业的成功并不一定可以复制到其他领域，但是从另一个角度来看，只有非常成功的IT业高层才有钱投资太空旅行，在这些人中，有的是工程师出身，例如马斯克与贝索斯，他们对飞行器的成功与否有着自己本能的判断。此外，他们已经经历了一次商业领域的巨大成功，这使他们有了对抗未知恐惧的资本。当然，正如戴曼迪斯所说，追逐利润才是最重要的因素。

但是，获得利润的前提是安全，所有这些CEO都非常清楚，一旦有人丧生，必将血本无归。所以对利润的追逐反倒会使飞行器的安全性变得越来越高，甚至会超过 NASA 的飞行器。志愿参加政府项目则是另一回事。迈克·马兰（Mike Mullane）是联邦太空计划的一位志愿飞行员，他曾这样描述自己的航天经历："即便我清楚地知道当时签署了什么，无法控制的引擎、没有飞行逃生系统的舱室，我的热情也不会减少半分。"但是，类似的事情却不可能在私人太空旅行中发生，投资者们知道，那些肯花大价钱上天旅行的人，绝对不是冒险狂。他们对安全性的要求，绝对会是前所未有的严格。

乘客艾客

到底哪些人梦想进入太空？他们进入太空后又会有什么要求？最重要的是，他们愿意出多少钱来完成这样的旅行？这是富创公司（Futron Corporation）在 2002 年对太空旅游进行市场调查时关注的几个问题。调查的目的是搞清楚太空旅行的市场潜力。就像我们看到的，NASA 的每项太空计划都要耗费政府的巨额预算开支。对于尚处于萌芽阶段的太空旅行业来说，经济风险可想而知。旅客的生命安全更是威胁行业生存的最关键因素，没有了安全的旅行，收益也就无从谈起了。

富创公司完全从经济角度出发，系统地调查了太空旅行的商业潜力。调查的结果很乐观，富创公司预测，到 2021 年，整个产业会形成 10 亿美元的市场规模。这份研究报告给整个产业注入了活力，使投资者信心倍增。这也能推动政府认真考虑该产业发展的可能性，最终打开绿灯并出台配套政策。私人太空旅行产业的难题不仅是技术上的，接下来我们将会看到，社交商的运用与技术问题一样重要。

富创公司认为第一批享受私人太空旅游的游客必定都非常富有。2001 年，美国人丹尼斯·蒂托（Dennis Tito）搭乘俄罗斯的航天飞机进入太空，他一共旅行了 8 天之久，其中 6 天待在国际空间站，此行总花费达到了 2 000 万美元。正是考虑到如此巨大的支出，富创公司的调查将客户锁定在了年收入超过 25 万美元的家庭。富创公司发现在接受电话调查的 450 人中，有 35% 的人对太空旅行感兴趣，他们没有更多的要求，像提托那样完成一次轨道旅行就可以了，这样他们就会成为这项活动的尝鲜者，同时还可以体验从太空俯视地球的感觉。

不过轨道旅行从技术上和经济上来看都难以推广，蒂托的那次旅行就是最好的证明。富创公司认为，从目前情况来看准轨道旅行才是最容易开发的项目。所谓准轨道旅行是指飞到距地面 100 千米的大气边缘再飞回的过程。在这样的高度，我们完全可以看到地球的弧线轮廓，失重的感觉也已经非常明显。虽然准轨道旅行的时间非常短暂，在 100 千米的最高空只能停留 2 分钟左右，但需要的燃料只有轨道旅行的 10%，这意味着火箭可以设计得更小，从而极大地提高效率，这也就意味着太空旅行的花费可以大幅削减。富创公司的调查发现，尽管有效的旅行时间非常短暂，还是有 28% 的受访者表示对准轨道旅行感兴趣。富创认为，一次准轨道旅行的价格应该控制在 10 万美元之内，这是市场的承受限度。但从现在的情况看，实现准轨道旅行的价格要远远高于 10 万美元。

瑞达·安德森（Reda Anderson），一位年近 69 岁的洛杉矶老太太，天生的艾客，实在是私人太空旅行者的不二人选。在火箭飞行器公司穿上宇航服的那一刻，安德森简直就像一个职业宇航员。火箭飞行器公司的 CEO 乔治·弗伦奇（George French）说，虽然安德森的年龄已经不适合太空旅行，但看到她的履历，他实在无法拒绝这样一位天生的艾客。“探险家”是最适合安德森的称谓，她曾徒步穿过印加帝国失落的古城马丘比丘（Machu Picchu），曾去南极旅行，曾开四轮车游遍蒙古。她甚至还曾潜入深海参观泰坦尼克号，要知道泰坦尼克号沉入了 3 800 米深的海底，要想完成整个观光过程至少要潜水 10 个小时以上。如此看来太空成为安德森的下一个目标再合逻辑不过了。

很快，火箭飞行器公司的业务主管查克·劳尔（Chuck Lauer）找到了安德森商谈具体事宜。

安德森毫不犹豫，她在劳尔的名片后写道：“瑞达·安德森将是火箭飞行器的第一名乘客。”劳尔万分惊讶，与安德森握手成交。这份合约使安德森成为搭乘商用飞行器进入太空的第一人。

安德森的动机虽然复杂，但是基本符合富创公司的调查结论。就像她自己说的那样，她喜欢“世界级的事件”，她喜欢这样的挑战。年近七十的安德森说道：“如果死后我进入天堂，我一定要问问上帝，为什么生命只有 70 年？有这么多值得去做的事情，70 年根本不够。我还必须用 1/3 的时间来睡觉，这简直就是浪费生命。”

规则是用来打破的

对于安德森来说，这个世界上有太多的未知领域等待她去探索，而生命似乎很短暂，她根本没有时间去考虑世俗偏见和社会压力。但是，安德森也绝不完全将生死置之度外。

作为21世纪最先进入太空的女性之一，安德森在她的探险履历中又增添了精彩的一笔。当谈到死亡的风险时，安德森说：“我当然不想死，我希望自己回来的时候比上天之前的状态更好。”但如果生存的概率只有50%呢？“那我就不去了，不过我坚信安全性不会那么差的。”

非艾客的重要性

并不是所有参与私人太空旅行事务的人都是艾客，其实这也是一件好事情。虽然安德森也能正确地估算出生还率不会那么低，我们还是需要找人来客观评价这个概率到底是多少。安全性问题就像阴影一样一直笼罩着私人太空旅行，鲁坦完美的飞行器设计安全记录也于2007年7月26日破灭，当时技术人员正在进行引擎测试，结果发生爆炸，3人当场死亡。

有一个无法回避的事实是，太空旅行的魅力在很大程度上就在于，宇航员每次航天时都会命悬一线。私人太空旅行产业必须既要保证安全，还要有探险色彩。根据富创公司的研究，太空旅行的最常见动机是有机会做第一个吃螃蟹的人（即艾客）。

迄今为止，人类把宇航员送上太空已经许多次了，我们可以对安全风险有一个初步的统计。在美国所有的航天飞行中（包括有人驾驶与无人驾驶的），故障率大约为 9%，最常见的原因是推进系统失灵。对于载人航天器而言，事故率则更低，但是否足够低却要因人而定。到目前为止，航天器已执行了 115 次任务，其中有两次发生灾难性故障，事故率约为 2%。因为苏联的航天计划很多都保密，所以无法得出确切的数字。大约 450 人曾进入太空，其中有 25 人死于与太空旅行有关的事故，死亡率接近 5%。让我们拿具有类似危险性的攀登珠穆朗玛峰活动做个比较，截止 2001 年，已有 1496 人成功登顶，172 人不幸丧生，死亡率为 11.5%。

雷·达菲（Ray Duffy）是航空飞行保险代理人，他不是艾客，但是他要为艾客选择合适的保险项目。达菲认为，目前私人太空旅行的案例屈指可数，保险公司无法从历史数据中计算出相应的事故率，从而无法对保险费进行估价，但这并不等于无法制定保险政策。“我认为将出现第三方责任险，但因为风险是未知的，费率也要根据市场规模来设定。做太空旅行的公司都不大，数量也不多，这意味着发生损失时将没有足够的保费来赔付。事实上，全球每年太空旅行的责任险保费不到一千万美元，因此赔付将出自其他航空险的保费。”

更复杂的事情还在后面，一旦出现事故，大量的诉讼会接踵而来，上至总理下至制造零件的工人都有可能被推上法庭。

宇航飞机就像电脑软件一样，越是早期产品，存在的问题越多。大部分火箭故障都发生在前三次发射中，但是随着使用过程中的不断改进,安全性也逐渐提高。因此处女航飞船的保险费用也就格外高。相比 10 年前，宇航飞船的安全性已经提高了很多，越来越多的航行记录也为制定保费提供了足够的数据支持。但是,正如达菲所指出的，私人太空飞行的记录凤毛麟角，我们无法把 NASA 的航天计划与私人太空旅游相提并论。

把人送入太空有着天然的风险性，可以说出现灾难性的事故只是时间问题。但是死亡的风险到底有多大谁都不知道，百分之一，千分之一，抑或是更低的概率？对于旅客来说，他们对于风险的认知来源于签约的旅游公司，如果没有业内相关介绍，他们便一无所知。这样，致力于私人太空飞行的 CEO 们压力可就大了。一方面旅客完全依赖他们，另一方面他们对实际情况也并没有足够的把握。一旦出现事故，难缠的诉讼会随之而来，不仅公司会彻底失败，高管都会有牢狱之灾。不过这些艾客可不会在恐惧前退缩，他们与其他任何一个行业相同，经济压力会迫使这些私人航天公司提出成本效益最高的解决方案。这会让安全性打折扣吗？现在我们还不知道。不过，会有一大批人时刻留心着安全性的问题，其中就包括达菲这样的非艾客。**唯有顾及全行业发展的公司才有可能获得最终的成功。**

太空争夺战

同所有行业一样，私人太空旅游也不可能离开政府的监管。美国的空域极为繁忙，特别是在 12 000 米左右的高度。如果没有统一的管理，私人航天飞机升空时很容易与民航客机发生碰撞。一旦发生意外，散落的碎片对地面居民来说又是一个威胁。在美国，联邦航空管理局与交通部共同对美国的领空进行管理，而 NASA 则对外太空进行监控。同时，国防部与国土安全部的职责范围也涉及天空，他们要保证美国的领空不受导弹和恐怖袭击的威胁。消防部门也不能对航天发射置之不理，因为火箭燃料属于爆炸物。对于试图发展私人太空旅行的公司来说，面对如此多的监管着实有点无奈，但是他们也承认，政府的监管会给行业带来秩序，更重要的是能提升公众对整个行业的信任感。使公众接受私人太空旅行这个陌生的概念，这正是行业发展的当务之急，而要达到这一目的，就离不开我们之前讨论的社交商。

私人太空旅行的风险不仅存在于旅客中，地面上的居民同样会受到威胁。哥伦比亚号宇宙飞船发生事故后，爆炸碎片散落于得克萨斯州与路易斯安那州之内，覆盖范围达到了 72 000 平方公里。所幸没有地面居民在这次事故中伤亡。设计私人太空旅行路线时，应该尽量避免经过人口稠密地区的上空，而新墨西哥州的白沙地区（White Sands）就成了首选区域。白沙地区得名于其白色的沙丘，这里见证了美国的火箭发展史。白沙地区大约 160 公里长，64 公里宽，是美国土地上唯一的禁飞区。1945 年 7 月 16 日，人类历史上的第一颗原子弹就在这里成功试爆。第二次世界大战后，沃纳 • 冯 • 布劳恩（Werner von Braun）来到那里继续研发他曾为纳粹制造的 V2 火箭，他的工作最终使载人飞向太空和月球的火箭问世。

2005 年白沙地区又迎来了一件具有里程碑意义的事件，维珍公司 CEO 理查德 • 布兰森和新墨西哥州州长比尔 • 理查森（Bill

Richardson）签署协议，在白沙附近建设全球首个民用太空港。尽管两人都在夸耀此次合作的重要意义，但真正促成这项合作的却另有其人。

里克·霍曼斯（Rick Homans）的官方头衔是新墨西哥州经济发展委员会的秘书，但他与我们印象中的官僚大不相同。霍曼斯的主要职责是为新墨西哥州的企业寻找新商机并提高就业率。由于政绩斐然，他于2001年参加竞选美国新墨西哥州中部城市阿尔伯克基（Albuquerque）的市长，最终只获得10%的支持率而落选。虽然当选失败，但霍曼斯引起了州长理查森的注意，他受聘进入理查森竞选2002年新墨西哥州州长的筹备委员会工作。理查森当时绝对不会想到，霍曼斯居然把他和私人太空旅行联系在了一起。

霍曼斯敏锐地意识到，私人太空旅行将发展为一项巨大的产业，而新墨西哥州在这方面有着得天独厚的优势。新墨西哥州很少有恶劣的天气出现，而且像白沙这样的禁飞区，不会受到民用飞机的打扰，白沙附近又是无人居住的沙漠地区，发射一旦出现意外也不会给地面带来很大的风险。霍曼斯开始建议理查森考虑在新墨西哥州发展私人太空旅行业。

2004年10月维珍公司正在美国各州选址建立民用太空港，霍曼斯认为这是绝好的机会。伯特鲁坦赢得X奖之后也加入了他们的阵营，联手为新墨西哥州争取这个项目。尽管新墨西哥州优势明显，但其他竞争者也都实力不俗。加利福尼亚州已经有了一个航天发射基地，俄克拉荷马州军用基地的条件更是非常完备。最终，理查森同意由州财政出资2.5亿美元建设项目，才最终拿下维珍公司的合约。

2.5亿美元对新墨西哥州来说实在不是小数目，该州2006年的财政预算只有51亿美元。但理查森与霍曼斯都坚信，这笔投资是值得的，新墨西哥州的税收收入将会出现巨幅增长，同时就业岗位也会大幅增加。一个2.5亿美元的项目对于新墨西哥人来说却是另一番景象。虽然该州有着“迷人之地”（Land of Enchantment）的绰号，但当地人却称其为“明日之地”（Land of Manana）。霍曼斯指出新墨西哥有着悠久的航天计划历史，他靠的就是新墨西哥人对太空的了解。霍曼斯做到了用公众熟悉的事情来兜售新观念，这是个不错的例子，而其他州则无法模仿。

艾客团队

在我们印象中，艾客都是特立独行的，但私人太空旅行业却向我们展示了一群艾客是如何合作的。**希望成功的艾客必须懂得合作，无论他的搭档是艾客还是普通人。**让互不相识却又都个性十足的两个人合睦相处确实不易。但正如前一节中提到的，其他人物可以在合作中充当黏合剂。

> **规则是用来打破的**
>
> 你仍然需要具有典型艾客三原则的人，即知觉、无畏和社交商。但如果你能组建一个艾客团队，那么就不需要每个艾客都具备这三种特征。

这透露出管理方面的启示。如果某个艾客很善于从不同的角度观察事物却不善于社交，那么你就还需要一个懂社交技巧的人才能组建艾客团队。让我们再拿伯特·鲁坦当例子，鲁坦是一位广为人知的有创意的工程师。他侧重研究的是受冲浪板启发的材料工程，这一点已成为航空学的传奇。然而鲁坦与媒体打交道的能力却不怎么样。他新找的合作伙伴理查德·布兰森却不同了。布兰森虽然不是工程师，却有着受大众青睐的领袖气质和魅力。他与媒体交往起来简直游刃有余。在太空旅行业内,他也许是最有可能进行个人发射的人。

如果我们看一看超越了个体的艾客精神，我们就会清楚如何组建体现艾客特征的团队。就太空旅行而言，这种团队是自发组成的。当然，有时候也需要催化剂。彼得·戴曼迪斯之类的人物就是艾客绝好的联系者。他们有助于赢得援助和战胜对未知不可避免的恐惧。还有像里克·霍曼斯那样的人，他们如同润滑油一样，不但能缓和与政府的关系，还能增强艾客彼此间的联系，这样艾客们才能最终做出复杂的创造性工作。

规则是用来打破的

要想组建团队，你需要各色的人物。很少有人具备所有的品质，但团队却能通过取长补短做到这一点。

09 Iconoclast
抓住关键的13.5%——离经叛道vs趋之若鹜

艾客代言人

- ▶ **阿瑟·琼斯**　造出鹦鹉螺健身器的健身房先锋
- ▶ **乔纳斯·索尔克**　用最简单的方法攻克脊髓灰质炎的化学家
- ▶ **史蒂夫·乔布斯**　用超级社交商推销超级创意的苹果之父

每一个想法都有煽动性。

奥利弗·温德尔·霍姆斯
Oliver Wendell Holmes Jr.

无论是天生如此还是环境熏陶，艾客都为自己的桀骜不驯和眼光独特感到自豪。有些人甚至已经超越了艾客的范畴，凭借自己的努力和好运气，他们已经从“破坏偶像的人”变成了新的“偶像”。他们的想法，甚至他们本人都成了世人膜拜的对象。尽管这种转变并不是每一个成功艾客都能做到的，但这些新偶像的故事却向我们展示了一个极小众的怪异想法是如何成为主流的。

琼斯和鹦鹉螺健身机

在第 7 章中我们曾介绍过阿诺德·施瓦辛格，众所周知，他在当选州长前是好莱坞的大牌明星，但他在进入影视圈之前的故事恐怕就鲜为人知了吧？施瓦辛格曾经是一位健美明星，在 20 世纪 70 年代，施瓦辛格同所有健美人士一样，每天的必修课就是大量的力量训练。他一定不会想到踏足影视圈以后，健美界出现了翻天覆地的变化。阿瑟·琼斯（Arthur Jones）虽然名气远不及施瓦辛格，但他给力量训练的方式带来了革命性的变化。琼斯发明的鹦鹉螺健身器械已经成为健身房的必备设备。即使以艾客的标准来看，琼斯都是一个古怪奇特的人。他的发明居然能成为现代健身房的标准配置，其中的故事一定很有意思。

1929 年，琼斯出生于美国的俄克拉何马州，他对循规蹈矩的学校教育一点儿也没有耐心，高中便辍学回家，接下来几年一直在美国各州游荡。第二次世界大战期间加入了美国海军，战后琼斯做起了一项很特别的生意，他为动物园或是私人收藏者捕捉大型动物。他因野外探险经历而出名，20 世纪 50 年代，ABC 电视台还为他拍摄了一系列探险题材的电视片。琼斯从不掩饰自己的人生追求，他常挂在嘴边的话就是“更年轻的美女、更快的飞机、更大的鳄鱼”。琼斯曾经 6 次结婚，结婚时 6 位夫人均未超过 21 岁。他还总是带着一把 Colt. 45 半自动手枪，并曾对记者说：“我曾经打中过 630 头大象和 63 个人，事实上，我对向大象开枪的愧疚感更多一些。”

除了探险和猎杀，琼斯的另一大爱好就是力量训练，他喜欢满身肌肉的感觉。1948 年琼斯感到越来越沮丧，他总是无法练出大块的肌肉。那个年代的健身房死气沉沉，里面都是过时的器械：哑铃、杠铃、跳绳和实心球。琼斯没有按传统的通过不断增加重量的方式来健身，他决定将自己的健身时间砍掉一半，留出肌肉恢复的时间。不练器械的时候，他就用能使肌肉更发达的装置进行试验。琼斯好像有先见之明，他意识到在一般运动中各块肌肉不可能锻炼出相同的力量。为了有效强化肌肉，他想应该有一种随着肌肉运动而改变阻力的器械。经过 30 年的试验，他终于制成了鹦鹉螺健身器。他发明的器械有一系列的凸轮和杠杆，外形与鹦鹉螺很像。正如琼斯在宣传材料中说的那样，“别再让肌肉去适应笨拙的杠铃了，鹦鹉螺健身器能绝佳地满足肌肉的要求”。

我们知道，先进的技术一开始并不一定会被广泛接受。琼斯遇到了同样的问题，他发现他的“鹦鹉螺怪物”根本无人问津。琼斯在 1970 年的“美国先生”（Mr. America）健美大赛展出了鹦鹉螺健身器的雏形“蓝魔”，并卖出了第一台健身器。但真正吸引琼斯的却是获得比赛第三名的卡西 • 维阿托尔（Casey Viator）。琼斯看中了维阿托尔的健美潜质，于是让其加盟自己的公司销售鹦鹉螺健身器。维阿托尔在第二年的比赛中获得冠军，而鹦鹉螺健身器的销售也从此蒸蒸日上。

阿瑟 • 琼斯的故事表明，即使是最离经叛道、最粗野的人也能从渺无希望之人变成众人心目中的偶像。今天，如果一间健身房没有基于鹦鹉螺健身器的器械，那真是不可想象。

规则是用来打破的

从艾客到偶像的转变涉及许多问题，既有运气和时机这样的不确定因素，也有一些清晰明确的因素，比如新思维的传播过程。

艾客的思想或者产品进入市场后，其被接纳的过程有着清晰的模式。新思维的传播已经成了一门新的学科。传统观点认为传播途径主要受社会因素的影响，但新的研究证据表明，**新思维的接纳过程也有其生物基础**。

聪明的小鸟

英国南安普敦（Southampton）周围的山峦起伏，一直绵延到海边，在雾天看起来简直就像英格兰最南边的堡垒。一条小溪流经一个叫做斯韦思林（Swaythling）的村庄，汇入伊钦河（River Itchen），最终流向南安普敦。斯韦思林的人们一直过着悠闲的生活，他们种植农作物，此外还把乳制品贩卖到南安普敦。20 世纪以来，斯韦思林的乳业也变得现代化了。牧场用流水线把牛奶装入奶瓶，用锡纸膜封住瓶口，然后再运往南安普敦，过去那种拉着沉重的马车运奶的日子一去不复返了。斯韦思林的当地人也习惯了这种瓶装牛奶，每天清晨送奶员都会把牛奶瓶子放在各家门口。

一段时间之后，奶瓶出了问题，我们无法得知谁是第一个受害者，总之人们相信这里藏匿着一个连环做案的贼。1921 年情况变得更糟了，几乎所有人都有受害的经历。人们早上打开门，发现牛奶瓶子还在，可是封口的锡纸被整整齐齐地揭了下来。最气人的是，鲜牛奶表面的那一层奶油被刮干净了，那可是下午茶的必备调料啊！警察对此一筹莫展，找不到任何线索。而盗贼却越来越猖狂，偷盗行为已经逐渐蔓延到了斯韦思林以外的地方，就连南安普敦的城区也出现了类似的报道。

当然，谜底终究会揭开，第一个看到小偷真面目的是一位送奶员。原来罪犯只是英格兰地区常见的蓝山雀。蓝山雀非常容易辨认，它们腹部的羽毛是黄色的，头顶的羽毛是蓝色的，脸上的羽毛是白色的，而眼周围却是黑色的，就像蒙着佐罗的面具。1921 年下半年，有人发现蓝山雀每天早上都跟踪送奶员。在送奶员把奶瓶放到门前的几分钟之后，蓝山雀就飞过去，然后精准地刺开瓶封，整个过程不过几秒钟。由于送奶员的注意力都在下一个送奶地址上，他们很少会关注身后发生的事情。

在常规情况下，鸟类学家应该能够为我们解释这其中的奥妙。但更有趣的事情发生了，蓝山雀的偷盗行为开始向整个英格兰蔓延。啄开奶瓶当然不是蓝山雀进化的结果，它们只是学会了这种偷盗的小伎俩。1949 年，动物行为学家詹姆斯・费希尔（James Fisher）与罗伯特・欣德（Robert Hinde）在一篇里程碑式的论文中记载了蓝山雀偷盗行为的蔓延。这一过程就像病毒的传染一样，而斯韦思林就是最初的爆发点。为什么要关注鸟？因为费希尔和欣德的分析揭示了令人惊讶的事实，即新观念会以某种方式在群体中传播。费希尔和欣德将其称为文化学习。这一发现的惊奇之处在于人们通常认为鸟类没有文化。但鸟确实彼此间学会了偷牛奶。这种连鸟类都在运用的学习机制表明，**人类采用新观念的方式有着深层次的生物学机制。**

革新的扩散

艾客的精彩创意可以改变世界，但这不是在一夜之间就可以完成的，大众接受新思想总需要一个过程。就像被啄开口的牛奶瓶，新思想总是遵循着特定的规律在社会中扩散。

埃弗雷特・罗杰斯（Everett Rogers）是首位用实证方法研究创新的科学家，他认为，创新本身具有 5 个特性。要注意的是，这些特性并不是客观存在的属性，而是潜在受众的主观感受。

- 第一，创新与现有事物相比，必须要有明显的优势；
- 第二，新事物必须兼容现有价值观念与社会规则；
- 第三，创新的复杂性决定了它在社会中的普及率；
- 第四，革新事物必须使他人有机会尝试，而且成本不高；
- 第五，革新的益处必须明显可见。

虽然 5 个特性都很重要，但真正决定革新能否被普遍接受的是前两种：优势性与兼容性。而且这两种特性之间也存在对立关系，越具有优势的事物，与现存社会框架的兼容性也越低。

1962 年，罗杰斯发表了极具开创性的著作《革新的扩散》（*Diffusion of Innovations*），书中指出，所有革新，无论是哪一种技术领域的，其扩散情况都会符合 S 形分布曲线（S-curve distribution，见图 9—1）。S 形分布曲线描述了随着时间的推移，革新事物普及率的累积情况。在革新事物刚刚问世的时候，只有极少数的人能接受并使用。一段时间后普及率开始上升，累积使用量则加速上升。随着革新事物的大量应用，普及率增长放缓并逐渐饱和，最终的增长率将会趋近于 0。

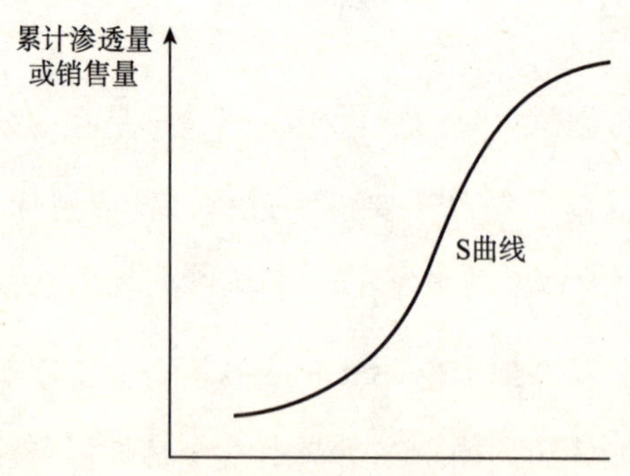

图 9—1　革新事物普及率的 S 形分布曲线

罗杰斯避开使用不准确的标签来描述各种类型的革新采纳者，而直接从人格特质的统计学分布中寻找线索。在统计学里，人类的各种属性，无论身高、体重还是智商，都是以正态分布的，就是我们常说的钟形分布曲线（Bell-curve distribution）。钟形曲线的实质就是绝大多数人占据了总人群的平均值，而极端数据只出现在一小部分人的身上。罗杰斯有充足的理由认为人们对新事物的接受程度也会符合这条曲线。大部分人都落在曲线的正中央，他们被罗杰斯称为早期大众和后期大众。而在曲线最左边的是革新者，根据罗杰斯的计算，革新者的人数与平均人数相差 2 个标准差，只占总人数的 2.5%（见图 9—2）。

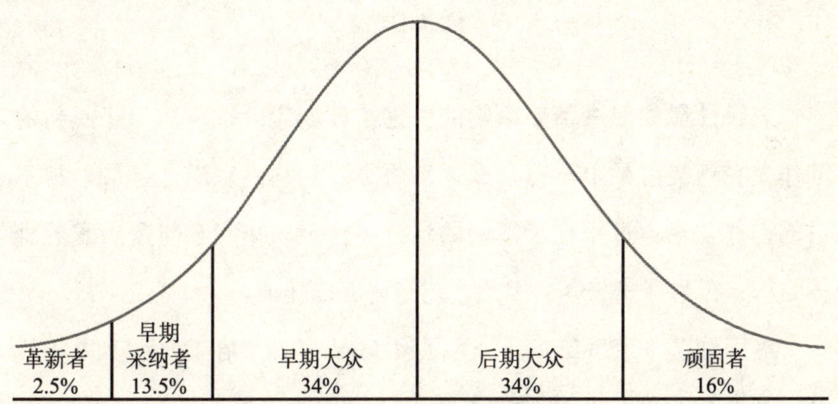

图 9—2　不同类型采纳者的钟形分布曲线

罗杰斯做得确实漂亮。他意识到 S 形曲线是融合了钟形曲线而来的。融合意味着以累积的方式增加各个类别中的人数。因为创新的分布图描绘出何时个体采纳新观念，而这种分布的融合形成了 S 形的创新扩散，该图反映了采纳者与时间之间的函数关系。

美国普渡大学的金融学教授弗兰克·巴斯（Frank Bass）对罗杰斯的理论进行了数学上的修正。巴斯认为在人群中有两种人——革新者与模仿者。“模仿者不像革新者，他们受社会体系中其他成员决策的左右。”这一点与罗杰斯理论有着细微却重要的区别。罗杰斯提供了创新采纳率的统计学论点，但巴斯则提供了行为学上的解释。巴斯说道：“革新者在进行首次购买时不会在乎有多少人已买了该产品，模仿者却会受到之前购买者人数的影响。模仿者从已购买的人那里进行学习。”这就是说，**革新者在开始阶段显得更重要，随着时间的流逝，其重要性越来越小。**

兼容性因素

兼容性最能促进革新事物的快速扩散。蓝山雀啄开牛奶瓶封的动作，在鸟类世界中不算什么创新之举，对它们来说这是最平常不过的动作，只不过用在了不同的地方。这个动作完全与蓝山雀的身体结构、行为方式兼容，因此才能迅速流传开来。

美国细菌学家乔纳斯·索尔克（Jonas Salk）在20世纪50年代开始研究攻克脊髓灰质炎的方法，这使他卷入了一场激烈的竞争。脊髓灰质炎病毒的传染性很强，可以通过食物进入消化系统，并蔓延至全身。人类感染这种病毒后，会出现类似流感的症状，还有1%的人会感到严重不适。病毒最终会进入这些患者的中枢神经，并攻击神经元，导致身体瘫痪。

自爱德华·詹纳（Edward Jenner）推广牛瘟疫苗以来，免疫学界普遍认为可以用类似的方式研制脊髓灰质炎的疫苗，即把灭活的病毒注入人体内，使人体产生对这种病毒的免疫反应。灭活后的病毒失去了感染力，但病毒内的抗原并未损害。索尔克于 1952 年正式开始研制脊髓灰质炎疫苗，他遇到了常规方法无法解决的问题，于是便独辟蹊径，利用彻底死掉的病毒制作疫苗。这种做法并没有什么特殊的革新性，但却很有效。索尔克的主要竞争对手是艾伯特·萨宾（Albert Sabin），他研制的是仍有一定活性的疫苗。萨宾曾嘲笑说，“索尔克是厨房里的化学家，从未有过原创的想法。”

索尔克是一个机会主义者，他知道最简单的方法往往最受欢迎，当然他指的就是完全没有活性的病毒。经过一系列简单粗暴的实验研究，索尔克成功了，这种完全没有活性的病毒细胞确实能够引起人体的免疫反应。也许是学术界的冷嘲热讽使他反感，索尔克并未在专业的学术期刊上发表自己的研究成果，而是在 1953 年 3 月 26 日直接走进哥伦比亚广播公司的广播电台，向全美宣布疫苗已研制成功。

因为此举，他一生都被同行轻视。不过当时的美国人对脊髓灰质炎已是谈虎色变，索尔克的解决方法与传统认识完全符合，只需要像往常一样排队打针即可，于是索尔克的疫苗迅速普及。索尔克一夜之间成了英雄，甚至成为公众心中免疫学的标志。尽管他从来没有获得过诺贝尔奖，但谈起脊髓灰质炎疫苗就无法不提他的名字。

索尔克的故事告诉我们，兼容性的力量有多么强大。艾客无法控制创新的时机，但是却能使自己的作品更具兼容性。艾客已习惯自己的视角与众不同，但是大部分公众还是在使用常规的思维方式。

规则是用来打破的

从艾客到新偶像的转变，就意味着他们必须把自己的新思想用大众最熟悉的方法呈现出来，即使创意本身并不具备这样的特性。

早期采纳者的大脑

鸟类能通过啄开牛奶瓶封来偷牛奶，这一发现显示了动物适应性的惊人一面。但这背后隐藏着更深刻的问题。为什么发现盗奶方法的是蓝山雀，而不是其他鸟？为什么鸽子没发现？这一事实为我们提供了一条重要的线索，揭示了创新行为的生物学基础和新创意在群体中传播的方式。

费希尔和欣德开启了研究鸟类行为的大门，尤其是它们是如何进行创新的。在随后的几十年里，生态学家开始系统地测量探查行为、环境以及生物学之间的联系。在这类实验中，人们会捕一只野生的鸟，然后让其在熟悉和新奇的事物中进行选择，并测量其好奇程度。具体做法是与熟悉之物相比，看一看它接近新事物时用了多长时间。它们的羽毛会竖起来，有些种类的鸟会进行开合跳，它们小心翼翼地接近新事物，马上又跳回来。

除非你是一名鸟类学者，否则你大概不会对鸟类的大脑感兴趣。其实和人类一样，鸟类也有聪明和愚笨之分，这与鸟类大脑的体积有关。对鸟类而言，脑子越大，越能学会新的行为。不过对于人类大脑的体积变化一直存在两种观点。

一种观点认为人类为了解决与生存相关的复杂问题，进化出了更大的大脑。拥有了一个升级版大脑的人类，具备了创造与使用工具的条件，同时记忆容量的增大也意味着能够依靠过去的经验预测未来。

另一种观点却认为大脑的进化是社会交往日益复杂的结果。原始人开始群居生活后，成员把越来越多的精力放在考虑社交策略上，生存问题已不再是头等大事。正像我们在前一章介绍的，社交商是艾客推广新思维的关键因素。那么新思维的接受方呢？对革新是采纳还是拒绝，决定权掌握在那些非艾客的普通人手中，他们的大脑又是什么样的呢？

现在让我们回到鸟类行为研究之中。不同种类的鸟表现出不同的行为特征，这可能是天性，也可能是因为它们已适应了不同的生活环境。要想找到真正的原因，观察笼养的不同鸟类即可。笼养鸟类的周边环境是一成不变的，唯一的变量只有鸟的品种。但研究者发现，在这种条件下，不同品种鸟类之间的差别消失了。幼鸟的好奇心吸引了研究者的注意。羽翼丰满后的3~4周，许多小鸟表现出“探险”的强烈愿意。这些处在青春期的小鸟对那些毫无食用价值的东西也表现出浓厚的兴趣。研究者认为，鸟类在成长过程中也会经历一个好奇阶段，如果在这个时期，这些鸟类能够在复杂的、有许多探索机会的环境中生存，那么它们的好奇心将得到最大程度的发展，并持续一生。

青春期也是人类成长过程中的重要时期，除了性的成熟，人类在这一时期对新事物表现出了格外的兴趣。也就是在这一时期，人类的多巴胺分泌达到了最高峰。**多巴胺系统是革新与艾客思维的关键，多巴胺分泌旺盛的人也更愿意尝试新事物。**罗杰斯把这类人定义为“早期采纳者”，他们能够最快地接纳艾客的思想。艾客如果希望成为新的偶像就必须重视这些早期采纳者，向他们兜售新思想是快速征服全世界最有效的方法。

最近两项脑成像研究发现多巴胺与人类求新的性格特点存在直接联系，而且这种关系在人的一生之中不断变化。这也解释了为什么人类在青春期最渴望探索，为什么某些领域的工作者在30岁之前创造力达到了顶峰。

有证据表明，在多巴胺丰富的区域，如纹状体，大脑会把风险交换成奖励。这是大脑功能的一般特性，还是只在某些个体身上才更为突出？2006年，德国的乌尔姆大学（University of Ulm）的神经科学家进行了一项大脑成像实验，以测量多巴胺与个性特征之间的关系。

> 实验任务很简单，实验对象将看到一种类似双色饼图的视觉提示，图中还显示出实验对象赢得1欧元奖励的概率，从0到100%不等。3秒钟之后，图表将换成正方形或三角形。实验对象根据不同的图形而敲击小键盘上的不同键。每次尝试时，他们都有1秒钟的反应时间。如果反应正确，就会弹出一枚显示相应概率的虚拟硬币，表示他们是否赢到了奖励。

研究者发现，多巴胺分泌最旺盛的纹状体区域的活跃性与赢得实验任务的概率有着直接的联系，但这还要取决于被试的两种性格特点，新奇寻求（novelty seeking）与刺激寻求（thriu seeking）。在实验中纹状体最活跃的被试在新奇寻求与刺激寻求量表上都有很高的得分。在这里，研究者把新奇寻求定义为趋向探险行为，对新奇事物有着强烈的兴奋感，回避单调事物；把刺激寻求定义为喜欢追求各种强烈的感官体验，为了目标敢于承担生理、社会、法律和经济上的风险。

英国剑桥大学的研究者也在实验中发现了类似的证据。在他们的实验中，主试会向被试呈现 3 种彩色图片，开胃食物（巧克力蛋糕、冰激凌等），恶心食物（腐烂的肉、发霉的面包等）与中性食物（未加工的大米、土豆等）。被试的任务就是对图片上的食物按照主观感受分类，选项有：有胃口、很恶心以及没什么感觉。通过扫描被试大脑，研究者发现当被试看到开胃食物与恶心食物的图片时，他们脑内纹状体的活跃度是最高的，对中性食物则没什么反应。剑桥的学者也发现纹状体的活跃度与被试的性格特点存在联系。他们使用了行为抑制 / 激活量表（BIS/BAS）。BAS 量表测量个体对目标追求的强度（例如“我会不择手段地得到我想要的东西”），尝试新事物的倾向性（例如“我愿意尝试那些有趣的新事物”），兴奋度（例如“取得了成功，我会格外高兴”）。与 BAS 量表相反，BIS 量表测量个体对失败的敏感性（例如“如果我想到一些不愉快的事情，会格外的沮丧”）。研究者发现在 BAS 量表中取得高分的被试在面对开胃食物图片时，脑内纹状体的活跃程度要远远高于其他被试。研究者指出，这并不是简单的情绪问题，因为这些被试在面对恶心食物与中性食物的图片时，脑内纹状体的活跃性没有出现类似的变化。

以上两个实验告诉我们，个体对新奇事物的寻求是有生物学基础的。**那些多巴胺分泌旺盛的个体更愿意追求新奇的经验。这些人应该是艾客兜售概念的最先目标。这些人不一定是艾客，但他们是连接艾客与大众的最佳途径。**

事实上，由于从众心理作祟，绝大多数个体对待新奇事物的态度都会受到其他人的影响，只要有一部分人接受，那么大众也有可能会随之接受。由此可见，这些多巴胺分泌旺盛的个体是多么重要，他们革新扩散的桥梁。

顶级艾客乔布斯

自从史蒂夫·乔布斯（Steve Jobs）在20世纪70年代创立了苹果公司，人类就被分成了两种："果粉"与"非果粉"。尽管"果粉"属于少数派，只占据了市场份额的10%，但乔布斯却通过向那10%的群体营销自己的产品而成为文化偶像。他向世人展示了一意孤行、离经叛道的计算机设计者如何成为信息技术领域最令人崇拜的人。在这个行业，比尔·盖茨（Bill Gates）赚到了大把的钱，而乔布斯却成就了教主般的地位。

我们对乔布斯的性格并不陌生，报纸杂志上常有这位顶级艾客的生平事迹。虽然在苹果博览会上他温文尔雅的讲解总是令果粉心旷神怡，但他在工作中暴躁的脾气已经是公开的秘密。但是这并不妨碍他培育年轻人成为苹果忠实的信徒。现在我们知道，也许他们都是多巴胺分泌旺盛的孩子，也就是罗杰斯所说的，占人群13.5%的早期采纳者。

苹果产品的火爆不得不从 iPod 说起，这个带有传奇色彩的产品诞生于 2001 年。5GB 容量的 iPod 售价 399 美元，10GB 的售价 499 美元。这实在不是一个便宜的价格，不过苹果的产品也从来没有便宜过。为什么消费者愿意拿出 500 美元来购买 iPod？它的功能仅仅是听 MP3，何况歌曲还要从 iTunes 上另外付费下载。同样地，为什么消费者会为售价 500 美元以上的 iPhone 埋单，而功能相近的产品售价还不到这个价格的一半？什么样的人愿意花高价买这些超酷的玩意儿？其实答案很简单，为苹果疯狂的都是多巴胺分泌旺盛的求新者。很多人总是把目光聚焦于乔布斯的创造天赋，却完全忽略了乔布斯另外一项更重要的才能——他可以与早期采纳者毫无障碍地沟通。本书中提到的许多艾客都有自己独特的视角，还有不畏恐惧的勇气，并用出色的社交商使社会大众接受自己。但是要像乔布斯这样把自己从艾客升级为新偶像，仅仅拥有艾客的 3 种特质也是不够的。

很多艾客的思维方式过于特别，以至于他们意识不到世界上还有那么多人用常规方式思考，并且抗拒自己不熟悉的事物。想要赢得他们的认同，艾客只有两种办法可用。

规则是用来打破的

第一种是尽量使自己的革新与社会现有观念兼容，就像索尔克的脊髓灰质炎疫苗。如果艾客的创意天马行空，产品似乎完全属于未来世界，那么就只能使用第二种方法——与早期采纳者建立联系，进而触及大众，这正是乔布斯的成就。

大脑的成长与修剪

罗杰斯虽然从统计学角度计算出早期采纳者占人群的13.5%，但由于他刻意回避了社会因素，我们并不知道这些早期采纳者到底具有什么样的特点以及这些特点是如何发展出来的。某些鸟类数据表明，环境可以触发创新性行为。在适当的条件下，即使是不太具有创新能力的鸟也会表现出好奇心。不过，研究还显示出，对探索新事物感兴趣的主要是雏鸟。但对于人类来说，环境因素太过复杂，科技产品与信息系统日新月异，社会交往的复杂性远远超过其他物种。艾客究竟是天生的还是后天养成的，我们还是要观察人脑的发展过程。

人类大脑的适应能力比我们想象的更强。以往的观点认为人脑的神经元数量在刚刚出生时最多，随着人类的衰老，脑神经元也在逐渐减少。现代科技的发展使我们对人脑有了更深刻的理解，利用先进的检测设备，我们发现人脑处于高度的动态发展之中，其复杂性远远超出我们的想象。大脑不同区域的发展是不同步的，成长速度和成熟的具体时间也各不相同。

大脑遵循两种最基本的发展方式——成长与修剪。大脑的成长是很容易理解的，因为这可以由肉眼观察到。新生儿大脑的体积只有成人的25%。两岁时，就长到了成人大脑体积的80%。这并不只是神经元数量的增长，神经纤维的发育更明显，它们沟通了大脑的不同区域。那些神经纤维也称白质，它们由脂肪和胆固醇构成的绝缘层包裹着，因此外表呈白色。那个绝缘层叫做髓磷脂，它能成百倍地提高信息在神经纤维中的传导速度。因为白质的生长速度通常超过了神经细胞（灰质），因此大脑发育的主要过程就是灰质密度降低的过程。

同时这一过程还存在着主动的突触消除，即所谓的神经突触修剪（Synaptic Pruning）。这一修剪过程取决于特定区域神经细胞的使用方式。这就是说，经验会在修剪过程中塑造大脑的结构。有趣的是，修剪过程在大脑不同区域的发生进度并不相同。在视觉皮层，突触在婴儿 4 个月大的时候达到密度最大，此后，突触修剪开始起作用，并一直持续到学龄前。而在前额皮质，突触密度在 3~4 岁时达到最大，然后会逐步降低，一直到成人。

以前这些变化是无法观察的，因为我们不可能通过解剖来研究儿童和青少年的大脑。但通过对灰质和白质的精确定义，神经科学家借助核磁共振成像得以追踪大脑从童年到老年的发展过程。他们的研究结果使我们领悟到经验和遗传能促使一个人成为求新者。

特定的认知功能发展时，大脑中行使该功能的部位就会开始突触修剪，二者存在直接的对应关系。这看起来有些不可思议，灰质的减少对应的是成熟，而不是衰老。对于这种现象的最好解释是，随着大脑的成熟，它加工特定类型信息的效率也在不断提高。最初，大脑对世界的认识没有任何固定的模板，随着经验的丰富，大脑对世界的运作方式有了更好的预判。学习的一个主要机制就是突触的专门化，这意味着去除无关的突触，留下真正起作用的。

但是，灰质随年龄增加而密度降低的模式也存在着例外。在后颞叶和下顶叶，大脑的大部分侧面表现出不寻常的灰质变化。对于大脑的所有其他区域，灰质密度是在青春期突然开始下降的，而后颞叶和下顶叶的侧面却显示出灰质密度的细微增长，而且一直持续到 30 岁左右。这一区域的灰质密度会几十年都保持稳定，只有在老年阶段才开始陡然下降。这些区域正是我们在第 2、3 章中强调的知觉功能所对应的部位。如果我们把灰质密度的降低看做成熟的指数，那么上述情况表明，我们的知觉在很多方面可能一生都未达到成熟。知觉也许是所有认知功能中最具弹性、最具适应性的。

由此我们领会到，虽然比起其他认知功能，知觉的弹性保持得更久，但其可塑性在 30 岁左右开始渐趋消失。这就解释了为什么早期采纳者多是年轻人。他们除了具有茁壮的多巴胺系统，知觉加工能力也使他们能更开放地看待世界。

那么基因的作用又如何呢？关于多巴胺在求新性中的重要作用，我们已谈得很多了。虽然各种基因变异之间存在着显著的统计学联系，如儿茶酚氧位甲基转移酶（COMT），但我们尚不清楚重要基因与经验之间的联系方式。而且基因不是静态的，这使得问题变得更为复杂。所以说，即使一个人拥有某种形式的 COMT 基因，它也不会一直都发挥相同的作用。

COMT 的活力随生命周期而变化，在某种程度上也与外界事件有关。在一项对前额皮质中 COMT 活力水平的研究中，人们发现在从婴儿到成年的阶段内，其活力水平翻了一番，而且是稳步增加的。就意义而言，COMT 这种与年龄有关的增长性同个体所具有的基因类型是不相上下的，而后者则是以年轻人作为艾客与大众之间桥梁的另一个理由。

两难的抉择

多巴胺的分泌、知觉过程的完善等一系列证据都表明年轻人最适合当艾客的主力军，那么我们真的应该把赌注都押在年轻人身上吗?

人类大脑非常懒惰，只有在必要的情况下才会做出相应的改变。当大脑面对新事物时，不得不重新组织神经联结的模式，以应对新问题。新事物、新环境的刺激将引发大脑的学习功能，这个功能的实现依赖于大脑神经突触联结的物理改变，年轻的大脑更容易发生这种改变。对于那些试图成为新偶像的艾客来说，拥有独特思维方式只是一个前提条件，更重要的任务听上去有点不可思议，就是使大多数人的脑内也发生物理改变。从这个角度来说，把年轻人作为目标群体是明智的。

正如我们已看到的，一种策略是吸引人群中对新观念更开放的少数人，另一种策略则是把新观念包装得更容易令人产生熟悉感。这两种策略有助于对各种方法进行分类，因为它们反映的是大脑的不同生物机制。求新策略吸引的是年轻人的大脑，因为他们试图在达尔文主义的交配权之争中找点儿其他乐子。拥有最新的技术产品，如 iPhone，就有了炫耀的资本。就时间而言，学习新观念的代价是高昂的，而新技术也价格不菲。于是，那些想在竞争对手和异性面前要酷的年轻大脑高声喊道，“我就行，我愿意把时间和金钱花到新玩意儿上。”

但是，如果目标人群是成年人，上述方法就行不通了。改变成年人大脑的突触物理联结是件非常困难的事，只有在某些特殊环境与因素的影响下，才能做得到。对于需要年纪更大的人群采纳的新观念，诸如熟悉度和兼容性之类的因素则要比多巴胺来得更有分量。索尔克之所以成为偶像，靠的不是新式疫苗，而是数百万家长都熟知的方法。

规则是用来打破的

摆在艾客面前的选择有两个，一个是迎合那些多巴胺分泌旺盛的年轻人，另一个就是凭借超强的兼容性取得保守派的支持。

在绝大多数情况下，这两个选择是互斥的，只要选择了其中之一，就意味着放弃了另外一个群体。这里没有折中的办法，试图在两者中寻求平衡的做法只能导致更彻底的失败。

一般意义上的艾客都会具有完全独特的视角，面对未知与失败也毫无惧色，还有一部分人能够利用高超的社交商把自己的思想兜售给其他人。可是如果想像乔布斯那样，超越艾客的范畴成为新的偶像，那么仅具有以上 3 点特质是远远不够的，必须要有极广泛的吸引力。**赢得非艾客的认可才是最后的考验**。而实现这一点的有效途径只能“二选一”，**新奇性**或是**熟悉性**。到底是针对年轻人还是更广泛的大众人，这永远是一个两难的抉择。

致谢 Iconoclast

虽说写作是一件寂寞的事情，但本书部分内容却是得益于我与很多朋友和同事之间的交流。首先我要感谢神经经济学领域同行为本书创作所贡献的力量，他们是丹・艾瑞里（Dan Ariely）、彼得・博萨尔茨（Peter Bossaerts）、科林・卡默勒（Colin Camerer）、厄恩斯特・费尔（Ernst Fehr）、丹・豪泽（Dan Houser）、斯科特・胡特尔（Scott Huettel）、布赖恩・蒙塔古（Brian Montague）、约翰・奥多尔蒂（John O'Doherty）、伊丽莎白・费尔普斯（Elizabeth Phelps）、迈克尔・普拉特（Michael Platt）与安东尼奥・兰热尔（Antonio Rangel）。还有很多人虽然没有直接参与本书的创作，但是却给予我很多写作上的启发与帮助，他们是瑞达・安德森（Reda Anderson）、戴尔・奇休利（Dale Chihuly）、戴维·德雷曼（David Dreman）、吉姆·拉沃伊（Jim Lavoie）、乔·马里诺（Joe Marino）与迈克尔·莫布森（Michael Mauboussin）。我很幸运，我所在的埃默里大学（Emory University）团队给予了我足够的勇气与开阔的视野，他们是莫尼卡·卡普拉（Monica Capra）、克林特·吉尔茨（Clint Kilts）、海伦·梅贝格（Helen Mayberg）、安德鲁·米勒（Andrew Miller）、查尔斯·内梅罗夫（Charles Nemeroff）、查尔斯·纳赛尔（Charles Noussair）、迈克·欧文斯（Mike Owens）、约瑟夫·帕尼奥尼（Giuseppe Pagnoni）与查尔斯·雷森（Charles Raison）。书中提到的我所进行的实验研究能够顺利完成，要感谢帕米·钱德拉塞卡尔（Pammi Chandrasekhar）、乔纳森·查普洛（Jonathan Chappelow）、简·恩格尔曼（Jan Engelmann）、惠特尼·赫伦（Whitney Herron）、萨拉·穆尔（Sara Moore）、阿利森·特纳（Allison Turner）与凯里·津克（Cary Zink）。我还要感谢我的代理人苏珊·阿雷拉诺（Susan Arellano）和我的编辑杰奎琳·墨菲（Jacqueline Murphy），在她们的帮助下我的研究才能成书并与读者见面。

我还要感谢我的两个女儿，海伦（Helen）与玛德琳（Madeline），在我写作期间，她们表现出了极大的耐心，我把这本书送给你们。最后我还要特别感谢我的夫人凯瑟琳（Kathleen），谢谢她对我的宽容与对家庭的付出，她为本书的出版做出了最大的贡献。

译者后记Iconoclast

我们都曾年轻过，对于叛逆我们应该并不陌生。本书的作者借助“艾客”——杰出的叛逆者，向我们介绍近年来脑科学的研究进展。

中国人有句俗语，叫做“眉头一皱，计上心来”，我们现在知道，这个“计”来自人类的大脑。人类真为自己的大脑自豪，诸如“人类智慧的结晶”之语，其实就是在夸奖我们的大脑。大脑帮助我们创造工具、改造世界，是造物主送给人类最好的礼物。在人类不断进化的过程中，大脑也在不断演化，我们的身体能力与祖先相比似乎已经下降很多，当然这其中也有社会、医疗等因素的影响。我们越发地依靠大脑生活，却悲哀地发现，我们对大脑一点儿也不了解，甚至在某些方面还是一无所知。人类开始研究自己的脑袋时，更可悲的事情发生了：我们可以利用大脑工作，我们的科技水平已经可以把生物送入太空，可是当我们把物理、化学、生物、医学以及心理学等成果投入对大脑的研究时，却没有什么实质性的收获。同时，对大脑不够了解成为很多学科向前发展的瓶颈。如果我们对大脑的研究取得重大突破，人类的科技水平将迈上新的阶梯。理解了人类创造力的根源奥秘，就等于摸到了造物主的底牌。目前，人类对大脑的研究，无论是从微观上的神经系统内分子水平、细胞水平、细胞间的变化过程等角度，还是从宏观上的脑结构和功能角度，都没有形成系统的理论，各个学科对于大脑的研究结论甚至还存在一些矛盾，这使脑研究的进展极为缓慢。

在心理学领域占据绝对统治地位的认知心理学遇到了脑科学，形成了认知神经科学这一重要分支。一方面，认知心理学对人类心理机制的理论描述，需要大脑的生物学基础知识作为强有力的支持证据；而另一方面，零散的生物学基础证据需要认知心理学的理论将它们统领起来。这对矛盾着实令人尴尬。在实践中，我们经常可以看到这样的状况：研究者对于人类某些行为与心理找到了特定的脑内生物指标的变化，似乎是找到了理论基础，可是得出的理论又需要可以预测生物指标的变化，其中的因果关系已经无法理出头绪。但是，鉴于目前脑科学的发展水平，这种研究范式还将长期存在，希望通过不断的累积，可以最终形成一个相对系统完备的理论，可以同时解释个体的心理与生理变化。当然，如果某个学科领域取得突破性的进展，也可能帮助我们形成系统的思想。但是在此之前，一切研究思路都是不能抛弃的。

由于书中涉及大量的学科专业知识，在翻译过程中可能存在不准确的地方，敬请读者批评指正。最后，还要特别感谢詹杨、周艳、闫凌、陈宝金、张炜、邢笑雪、杨楠、唱晓阳、章翔、张一凡，他们为本书部分章节的翻译提供了帮助。

湛庐文化 Cheers Publishing

一切为了您的阅读价值

★ 您知道自己为阅读付出的最大成本是什么吗?

★ 您是否常常在读过一本书后，才发现不是自己要看的那一本?

★ 您是否常常发现很多书都是一时冲动买下，至今一字未读?

★ 您是否常常感慨书的价格太贵，两百多页，值四十多元钱吗?

阅读的最大成本

读者在选购图书的时候，往往把成本支出的焦点放在书价上，其实不然。

时间才是读者付出的最大阅读成本。

阅读的时间成本=选择花费的时间+阅读花费的时间+误读浪费的时间

选择合适的图书类别

目前市场上的**图书来源**可以分为**两大类，五小类：**

1. 引进图书：引进图书来源于国外出版公司，多从其他语种翻译成中文出版，反映国际发展现状，但与中国的实际结合较弱，其中包括三小类：

a）教科书：理论性较强，体系完整，但多为学科的基础知识，适合初入门的、需要系统了解一门学问的读者。

b）专业书：理论性、专业性均较强，需要读者拥有比较深厚的专业背景，阅读的目的是加深对一门学问的理解和认识。

c）大众书：理论性、专业性均不强，但普及性较强，贴近现实，实用可操作，适合一门学问的普通爱好者或实际操作者。

2. 本土图书：本土图书来源于中国的作者，反映中国的发展现状，与中国的实际结合较强，但国际视野和领先性与引进版相比较弱，其中包括两小类，可通过封面的作者署名来辨别：

a）"著"作：大多为作者亲笔写就，请读者认真阅读"作者简介"，并上网查询、验证其真实程度，一旦发现优秀的适合自己的作者，可以在今后的阅读生活中，多加留意并了解。

b）"编著"图书：汇编了大量图书中的内容，拼凑的痕迹较明显，建议读者仔细分辨，谨慎购买。

阅读的收益

阅读图书最大的收益，来自于获取知识后，**应用于**自己的**工作和生活**，获得品质的**改善和提升**，油然而生无限的**满足感**。

我们出版的所有图书，封底和书脊都有“湛庐文化”的标志

并归于两个品牌

找“小红帽”

为了便于读者在浩如烟海的书架陈列中清楚地找到我们，我们在每本图书的书脊上部 47mm 处，全部用红色标记，称之为——小红帽。同时，“小红帽”上标注“湛庐文化”字样，小红帽下方标注所属图书品牌名称。

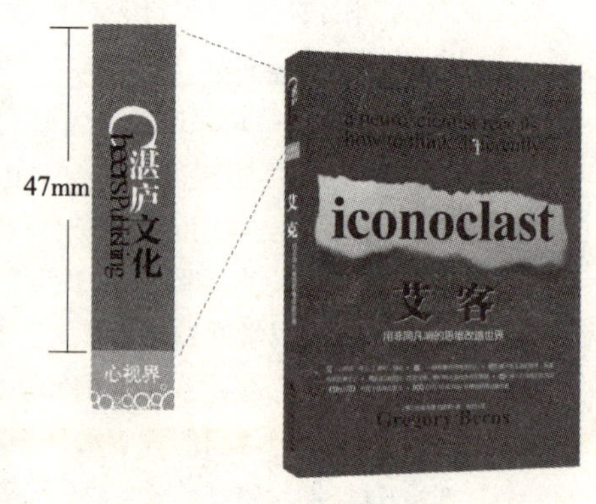

湛庐文化主力打造两个品牌：**财富汇**，致力于为商界人士提供国内外优秀的经济管理类图书；**心视界**，旨在通过心理学大师、心灵导师的专业指导为读者提供改善生活和心境的通路。

用轻型纸

您现在正在阅读的这本书所使用的是轻型纸，有白度低、质感好、韧性好、油墨吸收度高等特点，价格比一般的纸更贵。

关注阅读体验

我们目前所使用的字体、字号和行距，是在经过大量调查研究的基础上确定的，符合读者阅读感受。每页设计的字数可以在阅读疲劳周期的低谷到来之前，使读者稍作停顿，减轻读者的阅读疲劳，舒适的阅读感觉油然而生。

所有的一切都为了给您更好的阅读体验，代表着我们“十年磨一剑”的专注精神。我们希望湛庐能够成为您事业与生活中的伙伴，帮助您成就事业，拥有更为美好的生活。

湛庐文化2008-2011年获奖书目

《牛奶可乐经济学》
国家图书馆“第四届文津奖”十本获奖图书之一，唯一获奖的商业类图书。
搜狐、《第一财经日报》2008年十本最佳商业图书。
用经济学的眼光看待生活和工作，体验作为“经济学家”的美妙之处。

《大而不倒》
《金融时报》·高盛2010年度最佳商业图书入选作品。
美国《外交政策》杂志评选的全球思想家正在阅读的20本书之一。
蓝狮子·新浪2010年度十大最佳商业图书，《智囊悦读》2010年度十大最具价值经管图书。
一部金融界的《2012》，一部丹·布朗式的鸿篇巨制。

《金融之王》
《金融时报》·高盛2010年度最佳商业图书。
蓝狮子2011年度十大最佳商业图书，《第一财经日报》2011年度十大金融投资书籍。
权威透视国际金融界大佬在大萧条中的群像著作。
一部优美的人物传记，一部独特视角的经济金融史。

《富可敌国》
蓝狮子·《第一财经日报》2011年度最佳金融商业图书。
《第一财经日报》2011年度十大金融投资书籍。
源自300个小时的真实访谈，一部权威的对冲基金史。

《认知盈余》
2011年度和讯华文财经图书大奖。
看“互联网革命最伟大的思考者”克莱·舍基如何开启无组织的时间力量。
看自由时间如何成就“有闲”世界，如何引领“有闲”经济与“有闲”商业的未来。

《微力无边》
2011年度和讯华文财经图书大奖“最佳装帧设计奖”。
中国最早的社会化媒体营销研究者杜子建首部作品。
一部微博前传，半部营销后传。

《神话的力量》
《心理月刊》2011年度最佳图书奖。
在诸神与英雄的世界中发现自我，当代神话学大师约瑟夫·坎贝尔毕生精髓之作。

《facebook效应》
《金融时报》·高盛2010年度最佳商业图书入选作品。
蓝狮子·新浪2010年度十大最佳商业图书，《新智囊》2011年度最具价值十大经管图书。
首度公开facebook非凡创业的26个细节，马克·扎克伯格及40多位核心高管倾情讲述。

《真实的幸福》
《职场》2010年度最具阅读价值的10本职场书籍。
积极心理学之父马丁·塞利格曼扛鼎之作，哈佛最吸引人、最受欢迎的幸福课。

《绕着大毛球飞行》
蓝狮子·《职场》2011年度最佳职场图书。
畅销13年的职场创意手册，贺曼贺卡公司创意总监倾情之作。

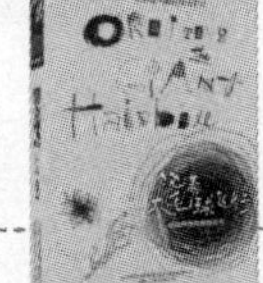

延伸阅读

《认知盈余》

◎ 腾讯掌门人马化腾首度亲笔作序。

◎ “互联网革命最伟大的思考者”克莱·舍基最新力作。

◎ 看自由时间如何引领“有闲”经济与商业未来。

《七个天才团队的故事》

◎ 领导力大师本尼斯的智慧之作。

◎ 最引人注目的管理书籍。

◎ 21世纪伟大团队的楷模。

《弯曲的旅行》

◎ 当今世界最权威的额外维度物理学家丽莎·兰道尔力作。

◎ 美国威斯康星大学知名物理学家韩涛鼎力推荐。

◎ 灵魂真的存在吗？穿越时空真的可以变成现实吗？9年实验挑战爱因斯坦“四维空间”理论。

《影响力》（经典版）

◎ 获得美国心理协会、美国心理学基金会年度大奖提名的西奥迪尼经典著作。

◎ 史上最强大、最震摄人心、最诡谲的心理学畅销书。

◎ 没有专家解读，没有每章导读，最原汁原味的《影响力》。

《宽客》

◎ 讲述华尔街顶级数量金融大师的另类人生。

◎ 认识宽客的唯一权威读本。

◎ 《纽约时报》年度畅销书。

图书在版编目（CIP）数据

艾客：用非同凡响的思维改造世界 /（美）伯恩斯著；段然译 .—北京：中国人民大学出版社，2012
ISBN 978-7-300-15744-3

Ⅰ . ①艾… Ⅱ . ①伯… ②段… Ⅲ . ①创造性思维—通俗读物 Ⅳ . ① B804.4-49

中国版本图书馆 CIP 数据核字（2012）第 096568 号

艾客：用非同凡响的思维改造世界
［美］格雷戈里·伯恩斯 著
段然 译
Aike: Yong Feitongfanxiang de Siwei Gaizao Shijie

出版发行	中国人民大学出版社		
社　　址	北京中关村大街31号	邮政编码	100080
电　　话	010-62511242（总编室）		010-62511398（质管部）
	010-82501766（邮购部）		010-62514148（门市部）
	010-62515195（发行公司）		010-62515275（盗版举报）
网　　址	http:// www. crup. com. cn		
	http:// www. ttrnet. com（人大教研网）		
经　　销	新华书店		
印　　刷	北京中印联印务有限公司		
规　　格	170 mm × 230 mm 16开本	版　　次	2012 年 8 月第 1 版
印　　张	14 插页2	印　　次	2012 年 8 月第 1 次印刷
字　　数	130 000	定　　价	42.90 元